深度思考

透过表面看本质的六步思考法

萧亮 著

天地出版社 | TIANDI PRESS

图书在版编目（CIP）数据

深度思考/萧亮著. —成都：天地出版社，
2019.10（2020年3月重印）
ISBN 978-7-5455-4916-4

Ⅰ. ①深… Ⅱ. ①萧… Ⅲ. ①思维方法—通俗读物
Ⅳ. ①B804-49

中国版本图书馆CIP数据核字（2019）第087710号

SHENDU SIKAO

深度思考

出品人	杨　政
作　者	萧　亮
责任编辑	杨永龙　霍春霞
封面设计	今亮后声
内文排版	徐晓倩
责任印制	葛红梅

出版发行	天地出版社 （成都市槐树街2号　邮政编码：610014） （北京市方庄芳群园3区3号　邮政编码：100078）
网　址	http://www.tiandiph.com
电子邮箱	tianditg@163.com
经　销	新华文轩出版传媒股份有限公司

印　刷	环球东方（北京）印务有限公司
版　次	2019年10月第1版
印　次	2020年3月第2次印刷
开　本	710mm × 1000mm　1/16
印　张	16.5
字　数	180千字
定　价	45.00元
书　号	ISBN 978-7-5455-4916-4

P 序 言
REFACE

我们总以为自己在思考

本书的主题从“萧亮的思考”开始。假如萧亮在 5 年内对自己的生活状态记录了 5000 次，平均每天 3 次，每次他都活蹦乱跳，而在统计学上，5000 个样本是很完备的数据，足可说明萧亮永远都能活蹦乱跳。那么，他可以欣喜地说：“我获得了永生。”但这是一个多么荒谬的结论。

萧亮的情况和他邻居养的母鸡贝利有些类似。作为一只娇生惯养了两年的母鸡，贝利一直养尊处优，主人每天给它送饭，为它打扫鸡舍，而它只需定期施舍主人几个鸡蛋。于是它望着主人想道：“人类是鸡的奴隶。”时间来到第 731 天，主人的手又伸进了鸡舍，并把它揪了出去。两小时后，贝利成了餐桌上的一道菜。

“萧亮不会死”和“人类是鸡的奴隶”从统计学的角度来看，都有成立的条件。虽然看起来有些荒谬，但人类的很多思考和结论都是基于这种通过统计学路径得来的信息形成的。统计学的发展大大提高了人们解决问题的效率，但也逐渐让人形成了“浅思考”的思维模式，在分析信息时总会忽视“时间尺度”，缺乏全局观。观察所得的信息必须加上足够长的时间尺度才有助于思考，某一段时间内单纯的数据统计，往往只具有统计学上的意义，很难在实际生活中帮到我们。

假如在 2017 年 3 月，萧亮从媒体上得到消息，某地区的房子突然变得很值钱；同时，与该地区的基建工程相关的股票也已经连续出现了几个涨停板，专家们表示看好，身边的人也都跃跃欲试。作为一个想通过投资获利的人，萧亮心里有些犹豫，他需要做出一个决定，就像玩俄罗斯轮盘赌的冒险家一样，是下注还是观望？

在设想中，我看到萧亮大赚了一笔，从滚沸的“油锅”中捞出了一条“肥鱼”，不到 4 个月，他的资产就从 100 万元飙升到了 500 万元，成为让人忌妒的大赢家。但是，出现这个结果的前提是萧亮接收到的信息必须是正确的，他要从这些正确的信息中提炼出精髓，然后还要果断地抓住时机。然而，不得不遗憾地说，在现实生活中，市场“违背”了这些信息，撒欢似的走出了一条漂亮的抛物线。萧亮被饥饿的“油锅”夺走了一只手，他试图捞“鱼”的手成了祭品。他的资产从 100 万暴跌到了负债 50 万，且只用了 30 天。这个家伙不但进行了一次愚蠢的“浅思考”，而且还进行了一次失败的投资，因此他招致市场的惩罚也在所难免。

对于“浅思考”的表现形态，著有《黑天鹅》的美国知名投资者塔勒布举过一个例子：消防员们闲着没事干时，就会聚到一起聊天，久而久之，因聊得太多，对很多事情就形成了相同的看法，而这些看法在局外人眼中则十分荒唐可笑。他将这种情况称为“消防站效应”。萧亮在做出投资决策时，显然已经和“消防员们”聊得太久了，他们“削足适履”，互相说服，达成了“可笑的共识”。

塔勒布认为，某些经济学家、新闻记者和行业权威的言论是有待商榷的。因为经济学家和行业权威以让人信服的姿态帮助人们省去了思考的时间，人们不需要自己掘地三尺就能得到答案；而新闻记者只提供让人兴奋或愤怒的信息。这些人的脸上都写着一句话：我已经替你思考过了。出现这样的情形，皆因我们正活在当今的互联网时代。

在媒体打造的“权威”的鼓励下，人们做出的选择，可能比其他任何形式的思考路径得出的结论都要糟糕。权威论和经验论一样，很容易让人们得出某种观点时觉得自己已经思考过了，事实上他们只是在问题的表面如蜻蜓点水般浅尝辄止，并未深入思想的底层。那些手握“真理”居高临下的家伙就属于这种情况。

人们习以为常的“浅思考”和本书倡导的“深度思考”是一对水火不容的冤家。深度思考是看透事物的内在规律，进行系统深入的思考，并做出正确决定的思维能力。它能够排除掉 80% 的次要信息，找到隐藏在事物表面之下的内在逻辑，从而帮助人们做出有利于自身的决策。

本书以深度思考为核心，提出了“六步养成法”，分别是定义、抽离、辨别、筛选、设计和反馈，系统地阐述了拨开云雾见本质的思考方法，从一团乱麻中理出头绪，帮助读者深层次理解生活和工作中的各种问题，比如：为什么有些办法马云能想到，一般人却不能？为什么大部分人喜欢喋喋不休地纠缠细枝末节，而置核心问题于不顾？为什么人们的情绪总会受到无关信息的影响，并重复做出让自己后悔的决策？事实上，伟大人物大都是深度思考的大师，但他们用于思考的信息在大多数时候和一般人没什么两样，差距就在于思考的工具及路径。书中将探讨如何运用深度思维建立精准简洁的思考路径，让生活和工作距离智慧更近一步。

当未来的某一天，你突然比以往任何时刻都痛恨理财经理、自媒体作家、财经记者和促销广告时，你便获得了一个独立思考的机会。我也希望读者能从书中学到一些有益于思考的技巧。

愿我们都能拥有真知灼见。

目 录
CONTENTS

第一章

深度思考的核心思维模式

01 定义信息，严格遵循 80/20 法则

大部分信息都是为了诱导你做出选择，其本身并没有价值。定义有价值的信息是如此困难，因为各种各样的信息总是被凌乱地堆放在一起，让人难以区分。

在职场上，面对自己的老板，很多投机取巧的人会用冗杂、无意义的内容把自己的工作汇报填得满满当当，显得自己功绩卓越。而在有经验的领导面前，这种障眼法就显得小儿科了。他们提取信息的能力可以帮助他们分辨出哪些是下属真实的工作成果，哪些只是花言巧语。

我参加企业家论坛时，常常会有一些困惑。很多企业家喜欢抱着自己的创业经历不放，不厌其烦地向他人传授自己的成功经验。实际上很多成功是不可复制的，如果一味地听取他人的成功经历而不提炼有意义的内容，那只不过是在听人家讲故事而已，只能收获寥寥，对自己未来

的发展益处不大。

理财顾问提供给你的一摞厚厚的资料中，有太多无意义的信息。他们依靠这些信息对你造成干扰，甚至让你对文件的内容失去耐心。面对合同文件以及资料时，一定要谨慎，你不需要逐字逐句去阅读，但是你在看到涉及关键利益的内容时得瞪大眼睛，不要被那些居心不良的人骗走钱财。

在互联网时代，我们接收信息的方式变得多样化，每天都会有铺天盖地的信息向我们涌来，而能够从中获得我们需要的信息，并把不需要的信息拒之门外，就变得非常重要了。获取信息的效率决定着你能否在机会到来时抓住它的尾巴。

精确地定义问题有多难

定义是养成深度思考的第一个步骤（见本书第二章）。人们看到一个事物时首先要给它下一个明确的定义，对它的属性做出判断，以方便进行下一步的思考和行动。比如，看到一朵玫瑰时人们会想到鲜花、女人、求爱、约会、结婚；提到求职时人们的脑海中会浮现出简历、职位、薪资、工作环境、上升空间；购买保险时人们想到的则是月供、回报、赔付、安全性。这些词便是定义。但这并不代表每一个关键词和信息都是有价值的。

关于诸如理财、保险、房子这些产品的信息都是“美丽动人”的，业务员会给出各式各样的逻辑分析，以及名人代言，来证明这些产品有多么划算。在做出决定的过程中，起关键作用的是如何定义“保险之于自己的意义”，尽管人们总是跳开这一步。保险是一个关键词，围绕这个关键词所产生的信息为人们的决定提供了动机。恋爱、求职、炒股、做生意、管理公司等问题也是这样，最关键的信息可能是你没有考虑到的自身条件和抗风险能力。

精确地定义事物是这个世界上 99% 的人都无法做到的。这个数字一点都不可怕，但至少全球 70 多亿人中还有 7000 多万“真正的聪明人”。在著有《非理性繁荣》的罗伯特·希勒看来，这也有点太多了。希勒觉得从历史的角度看，大多数人都是“善于用马后炮自我掩饰的蠢人”。他的话虽然有些偏激，可一点也不离谱，并且有很多例子可以证明。人们大多有着过分自信、迷信权威和从众的心态，而在需要定义一个问题时又变得极其懒惰——“懒得去想”。人类都有偷懒的天性，大脑更甚，这似乎是难以纠正的。

无用信息掩人耳目

人们在聊天时 80% 的话是废话，浏览网站看过的 80% 的新闻纯属浪费时间，商业合同上 80% 的内容和其他合同没什么两样，可以说，最重要的是余下 20% 的部分。深度思考养成的第一步就是定义对自己有用的 20% 的信息，剔除无用的 80% 的部分。

在定义信息的价值时，“时间尺度”也很重要。人们每天听到、看到的信息有 80% 都已经失去时效性。例如，有人告诉你，某只股票去年 9 月涨到了 45 元，那么这个信息在时效性上就是无用的，经不起时间尺度的丈量。因为它不能对今天的购买决策提供任何帮助，也不意味着现在以 20 元买入就是抄底，下周就会跌到 10 元钱。一条让人兴奋的信息最终可能让你欲哭无泪。

综上，无用信息有以下几个特点：

第一，与需求不匹配。比如，人们在恋爱、求职、买房时习惯性地做着勉强的决定，吞下的苦水比喝下的蜜汁还要多。这是因为，多数人做决定时倚重的信息与自己的需求并不匹配，经历了一段磨合期后才发现不符合自己的预期。

第二，缺乏时效性。比如，一只股票 30 天前的价格、上一次的公务员考试题目等。时间尺度是定义信息的一个重要标准，一方面就像希勒说的，海水退去后才能看到谁没有穿裤衩，许多事情需要时间的检验；

另一方面，在时效性较强的决策中，还必须分析信息对当下的参考意义。

第三，具有欺骗性。欺骗性的信息在生活中无处不在，每个人都活在这些信息中。但同时，它们或多或少为人们制造了幸福和满足的“体验”。但是，当你要做出一个影响深远的决定时，就必须把这些信息与真实的信息隔离开。

02 抽离，清除思考的障碍

抽离之所以让人痛苦，是因为人的本性习惯了填充，哪怕填充的是思维垃圾。

为什么拥有最多资料的人，也常常会做出一个最坏的决策？假如吸收信息和堆叠资料是一个学习的过程，那么这个过程就像一部填充的机器把外部的信息源源不断地输送进大脑。在学习时你会有一种充实的快感，感到自己很安全。这不是因为学到了知识，而是因为人的本性喜欢填充，哪怕填充进来的是思维垃圾。

答案就在眼前，你却躲在障碍的后面

当人们学到了太多东西时，大脑就变得古怪起来。一个姑娘的房间里琳琅满目，她不舍得扔掉哪怕最无用的一件“宝贝”。当她开始思考问题并做出决策时，这种充实感却实实在在地害了她，就像我们的书房摆满了从不会翻上一页的书籍一样。

比如，居住在旧房子里的人很少更换家具。去那些老旧的小区参观，进到住户家里，你一定也会得出这个结论。当你谈起更换家具的议题时，他们大多数都会表达出抗拒的态度，也有人会以“用了很多年了，不舍得扔掉”这样的解释来搪塞你。可一旦换了新房子，大部分人都会买入全套的新家具，把原来的旧家具统统扔掉，包括牙具、毛巾等小用品。过不了多久，房子的主人大多会后悔。那么，当时思考这个问题时发生了什么？

再看这个例子，在一家高科技公司的招聘现场，面试官给求职者出了一道让人颇为头疼的题目：

1. 用四条直线把下图（见下页）九个小圆连接起来；

2. 连接时不能移动任何一个小圆；

3. 所有的连线必须一笔完成；

4. 在连线画完前，笔不能离开纸面。

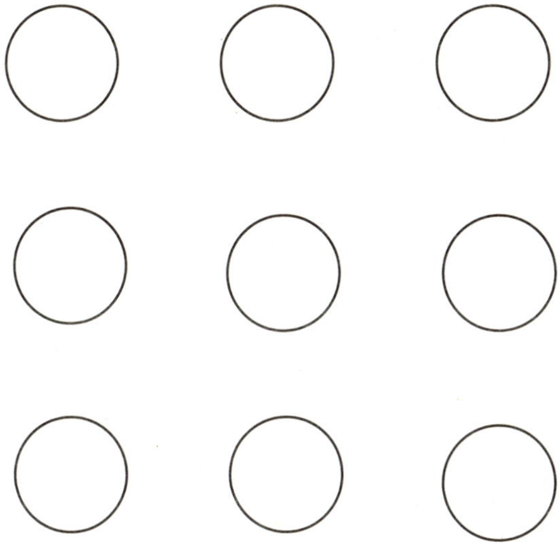

现场一片安静，求职者眉头紧锁，满面愁云，最后全都败下阵来。这些有着高学历、高智商的天之骄子，竟然没有一个人过关。这是美国创新协会的一道十分有名的题目，名为“九子图”。如果能顺利解答这个问题，那么就证明你在思考中拥有相当优秀的抽离和重新聚焦的能力。虽然听着吓人，但它的答案其实很简单。

（见下页图）

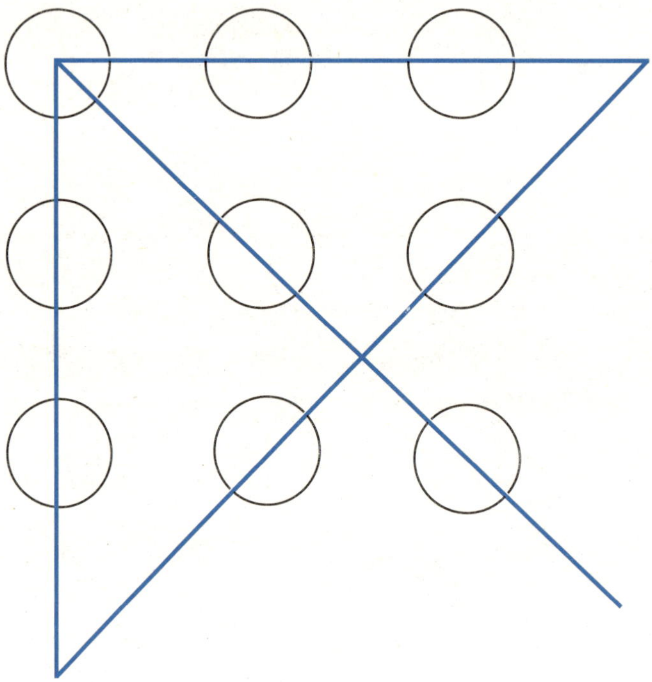

每一位事后看到答案的人都大吃一惊：这种画法很简单，为什么我刚才没有想到呢？原因就是，人们受生活中的经验及脑海中所填充信息的影响太大了，它们形成了一层透明的薄膜，把人阻隔在了正确路径的另一侧。这层薄膜很难穿透，大多数人无法打破这道障碍，从中迅速抽离，另辟蹊径。人们习惯了在解答和分析一件事情时，先从记忆库中调取过去的经验和知识，这是一种固定的思考机制，也是浅思考的具体表现形式。就像电脑程序，每次需要处理问题时，这个程序就会发生作用。

调用大脑内的信息，就是人们思考时最省时省力的一条路径，但它形成了一层薄膜。许多问题并不是无法解答，而是答案就在眼前，你却躲在障碍的后面。

为了解出题目，求职者调取了生平学到的所有经验，然而正是这些经验阻挡了近在咫尺的答案。

抽离无关信息，建立新的路径

如果懂得抽离，事情就变得好办多了。作为房子的主人，不论住在哪一栋房子里，对家具的价值都应该单独衡量（抽离），而不是把家具的价值与房子、人们的经验混为一谈（填充），导致认为家具在旧房子里是宝贝，在新房子里便成了垃圾。大脑无条件地接收信息，会使人犯错。无关信息越积越多，障碍就越来越厚，思维的路径就变得拥挤起来。大脑没有红灯，更没有交通警察，没办法自主判断哪些信息是违章的，哪些有优先通行权。我们也无法更换大脑，只能抽离信息，打破障碍，对大脑进行定期清扫。

洛杉矶有一位传奇的法官，他因审判过一桩离婚案件而成了受人关注的知名人物。当时，有一对夫妻走诉讼程序离婚。他们有一个孩子，这对夫妻都想独占房子分得更多财产，且都想获得孩子的抚养权，于是他们各自请了律师，互不相让。双方都没有过错，且都不同意和解，呈在法庭上的证据看起来也没有什么漏洞，因此成了一桩十分棘手的案子。最后，这位法官做出了一个大胆的判决：房子和其他财产一律归孩子所有，计入孩子的名下，双方离婚后轮流照顾小孩。

在这个故事中，法官采取了抽离的方式，剔除了人们传统的思路——忽视孩子、围绕当事人的判决习惯，而将财产归属的目标从当事人的身上移开，把当事人从案件中抽离出来，将孩子作为重点。把财产判给孩子，这对夫妻就都没什么可说的了。

因此，抽离，就是学会清空大脑内的思维垃圾，抹掉旧的思路，跳出常规的思维习惯，建立一条全新的路径。这将意味着人们要对大脑进行一次彻底的“断舍离”，遵守放空、打破和回归这三个基本的步骤。

03 辨别，从似是而非中看到真正的问题

丨任何事物都有它外在的表象，有时表面问题遮挡住了我们的眼睛，导致真正的问题无法被我们察觉。丨

有一项任务摆在你面前，为了完成任务需要做什么？你看到任务的时候首先想到的是什么？是困难还是路径？是收益还是风险？一项工作的进行必然同时伴随着许多干扰性信息，这些信息会分散人们的注意力，让人们一时之间察觉不到那条最便捷的路径。但是拥有深度思考的人，往往能在最短的时间内辨别信息，发现最本质的问题。

辨别是培养深度思考习惯非常关键的一步，我们可以从日常的诸多小事入手来进行训练。遗憾的是，在日常工作中经常可以看到这种现象：秘书就紧要的事件汇报了半天，上司却不得要领、不知所云；某位员工就某件事写了一篇文字材料，洋洋洒洒几千字，同事却不知中心主旨是

什么，看了半天也不明白；历史爱好者热烈地分析了某次战争的攻守策略，却不清楚这场战争的发动本就是错误的。可以说他们的思路都被表面问题占据了，因此把时间都浪费在了无效的思考上。

当问题出现时，解决问题有许多方法，其中有些收效很低，有些则十分高效。

辨别的第一步：分解与剔除无关信息，厘清问题的主线

很多时候，人们都能感受到一些无关信息的存在，它们是人们在思考时进行辨别的对象。就大脑的工作而言，它们就像是夏天围绕在耳边的蚊蝇，起着“叮咬”和干扰思考的作用。比如，在做一份明日早起的时间规划时，多数人会想到哪些问题呢？如：

我很累，早晨可能起不来；

我要打游戏、看美剧，晚上可能睡得很晚；

我要加班做很多工作，连几点睡都不知道；

天气太冷了，我可不想早起；

我习惯睡懒觉。

……

此类信息与“早起计划”丝毫无关。但问题的本质是：你有没有必要早起？大脑不会欺骗你，它真的很累。所以，正确的思考模式是绕过这些影响早起的因素，直接思考和确认早起的必要性。比如问问自己：每天 6 点就爬起来除了在朋友圈发一张黎明的照片或是写一段励志的宣言，还有其他意义吗？这个时间点你有什么紧迫的、必须去做的任务吗？只有将问题的主线厘清了，才能坚定自己执行计划的决心。所以，直奔目标之前，先对无关信息进行剔除，然后绕开障碍，才能直奔核心。

辨别的第二步：寻找最有效的方法，建立一条最直接的路径

如果你要早起，最有效的方法是什么呢？显然不是思考怎样战胜那些影响计划的因素，而是简单明确地对自己提出要求：现在，立刻睡觉，定好闹钟。对，此时的方法就是这么简单。找到最有效的方法，在计划与目标之间建立一条最直接的路径，而不是受困于其他无关因素。

20 世纪 40 年代末，“二战”结束后，许多美军士兵从英国回到了国内，鉴于不少美军士兵在英国欠下过“风流债”，一位美军士兵的太太担心她的先生在英国有情人。她很想知道自己的丈夫是否经常从邮局接收来自英国的情书，于是她便花大价钱雇了一名私人侦探进行调查。

三个月后，侦探告诉她调查结果：她的丈夫最近没有收到从英国任何一座城市寄来的情书，很可能他在英国没有情人，即便有，现在也应该断掉了联系。这位太太很不满意侦探的回答，她想知道他是怎么探听到这个消息的，有没有弄虚作假。

“我付给你这么大一笔钱，你如何证明调查的准确性？”

侦探无奈地说出了真相，他只需要每天请人打电话到邮局，报出她丈夫的信箱号码，并声称自己在等一封来自英国的信件，麻烦邮局的职员查询一下。结果，邮局每天给他的回复都是两个字：“没有。”过程就是这么简单。实际上，往往是当事人自己将问题想复杂了，她觉得调查这件事情一定是颇费心思的。可只要找对了方法，问题并没有想象的那么复杂。

在思考问题时，要谨记一个原则：那些看起来非常复杂、信息繁多的事情，其本质往往是很简单的，也许一两句话就能说清楚。本书在第四章针对辨别的步骤阐述了一个宗旨：成为一个办事高效的人，要有火眼金睛，先学会挑选自己需要的信息，然后简单直接地去思考和分析问题，找到最省力的解决方案。

在现实生活中，出于对环境与问题复杂性的高估，人们很容易把一个简单的问题与无关的信息联系起来，进行复杂化思考，结果使得问题越来越复杂，解决的成本也变得越来越高。这是浅思考经常会造成的一种局面。其最主要的原因就是，大脑中早已拥有了过多的知识，形成了教条式的思维。知识丰富是一件好事，但有些时候经验未必能起到正面的作用。很多时候，恰恰是丰富的知识和海量的信息束缚了我们的头脑，降低了我们的思考效率。

04 筛选，我们想要的究竟是什么

| 有很多人自以为找到了人生目标，以为拥有的东西就是自己想要的。如何通过筛选信息找到自己“真正想要的东西”？ |

筛选是一个主观性很强的工作。人们每天都在接收新信息、吸纳新知识。这些既是思考的素材，又是思考的结果。无数信息涌进大脑，有新的，也有旧的。你一定会从中选择几个，让它们进入你的深层意识，或写进电脑，或挂在墙上，变成一系列的关键词。

汽车、考研、生子、升职、创业、健身、买房、落户、出国……你握了下拳头叮嘱自己，要完成这些梦想。但是，你明白藏在这些关键词后面的是什么吗？你遵从大脑的指示时，想过为什么要努力奋斗吗？是赚钱买房、结婚、功成名就、衣锦还乡，还是纯属“找点事做，打发无聊的时光”？

当遇到这个问题时，很多人无法回答，或不想回答。他们的眼神是迷茫的。迷茫的另一个解释是，人们对看到的、听到的、想到的信息缺乏筛选、组合与简化的能力。买衣服的时候你看了 100 家店，不知道该买哪一件；报志愿时你千挑万选，夜不能寐，始终不能做出选择；求职时你左思右想，好像哪个行业都不错，就是不知该何去何从。

我曾是美国培训与发展协会（ASTD）的培训师，在这个行业工作了十几年，为公司的管理者和有晋升潜质的人传授知识。相比那些目标明确、功利心赤裸裸地写在脸上、号称是“成功者”的人，我更喜欢和刚毕业的大学生打交道，因为他们年轻而充满活力。年轻是这个世界上最宝贵的资本，但年轻人的脸上更多的是迷茫，他们在思考问题时往往缺乏筛选与分析的能力。

当这些学生从这里毕业时，我从他们的眼神中依然能看到迷茫。他们学到了很多知识，是考试高手，了解人类各个领域的过去，却对自己的未来迷茫到不知所措：“我到底应该做什么？”我告诉他们，为什么你们会迷茫，不是因为你们学到的知识不对，是你们梳理知识的方式有误。

近 20 年来，全世界的年轻人读了太多鸡汤文，心灵鸡汤正在破坏他们的思考能力，它提供了一种不负责任的浅思考模式，让人们习惯于在信息的海面上“享受”随波逐流的生活。

心灵鸡汤帮人们对生活提出了一个又一个要求，指出了一条又一条道路，却从不告诉人们有更好的方式，也从不启迪人们思考生活的真相。当人们处在被这些“有毒信息”包围的环境中时，就无法激发出自己的潜能，如同眼睛被蒙上了一样。

美国培训与发展协会对思维培训有一项基本原则，要求被培训者在诸多的方案中做出自己的选择，建立分析路径。比如，埃克森北美公司的人事主管 K 接到上级的命令，要求招聘 3000 名石油开采工人（目标），每名工人的年薪不高于 48000 美元（条件）。但当时北美地区石油开采工的市场年薪是 56000 美元，同时还要加上不菲的商业保险（现实）。摆在 K 面前的是目标、条件与现实的冲突，他别无选择，对上级不能讲条件，只能竭力完成任务。那么，K 怎样在求职者的要求和招聘方的目标之间实现平衡，制订出一个最优方案呢？

在评估不同的条件后，K 有了两个方案。方案一：从南美洲招聘部分人员，那里的工人薪资水平较低。方案二：从非洲招聘并培训工人，他们的薪资需求更低。

问题是，被培训者如何看待这些信息，思考自己的方案？那些信息是“他们的麻烦”——就像正阅读本书的读者，大家有“自己的麻烦”，大脑的加工中心中，信息堆积如山，筛选这些信息然后做出决定，终归是自己一个人的任务。

走出思考的舒适区

有一天萧亮心情不好，牵了一条猎狗去打猎。萧亮一枪就打伤了一只兔子，让猎狗去追。猎狗去了，结果兔子跑了，而且是在受伤的情况下成功逃脱。萧亮的心情更差了，他对着猎狗一通乱骂。猎狗特别委屈：“我已经尽力了，可是兔子太狡猾，我真没办法。”萧亮又不能炖了它，只好作罢。

兔子逃回去之后，它的伙伴听说它在受伤的情况下还能从一条猎狗的追捕下安然无恙地逃脱，都觉得不可思议：“你是怎么做到的？”兔子说：“猎狗追不到我顶多被萧亮骂，我跑不掉的话就会被吃掉。我和猎狗遇到的是不同的问题。”

打猎场上的萧亮虽然很倒霉，但他至少获得了一点有益的启示：“人”的首要问题和兔子一样，是生存，生存是最大的目标。假如饭都吃不上，有谁会花心思品读一本文字优美的哲学书籍？农民和商人的人生目标截然不同，书籍作为知识载体在各自的筛选机制中的地位是不一样的。当一个人能吃饱，不再把生存当回事时，那么他做事也许就会像萧亮的猎狗一样，可能连一只受伤的兔子都追不到，只能捡一些被打死的猎物，此时的他已成了社会的“宠物狗”而失去了勇士的拼劲儿。

大部分人有时候会像“宠物狗”一样思考，陷入这种选择模式。有时候什么都想要，有时候又什么都看不上，最终在信息海的风浪中迷失，思考浅尝辄止，做出一些似是而非的选择。

一个危机四伏的环境，会让人的思维变得敏锐起来，筛选信息的本领也会变得格外高超。他们清楚地知道应该做什么，不应该做什么（除了个别消极的厌世主义者），他们会不断地进步，以摆脱危机。对思考来说，安逸是真正的“毒品”，会让人们变成萧亮家里那条猎狗。如果你是那只受伤的兔子，你还会每日沉溺于朋友圈，无病呻吟地感叹吗？

筛选是为了解决一个基本问题：你知道自己想要什么吗？诸如，我想要赚钱、我想要买车、我想要美容、我想要结交很多高层次的朋友等。这些回答可以说是没有经过思考的，最多也只是经过了浅思考，这些不是本书要讲的东西。人的目标应该是深层次的——你的内心最想要的东西是什么？你有没有一个每天都在为之思考的目标？很多人听到这个问题时都是一脸茫然，因为他们根本不知道自己想要什么，或者说，他们根本不清楚这个问题竟然需要思考。他们也不曾认真地想过自己的未来在哪里，如何从那些“看起来都可以”的目标中选出“唯一可以”的正确答案。

在大数据共享时代，思考已经变得越来越无趣了。筛选是智能化的，打开浏览器，看到的是软件早已为你量身准备的推送。你喜欢吃烤鱼，有几十条烤鱼店广告供你浏览；你关注股票，到处都是关于股票的分析文章和证券公司的优惠信息；你正在找工作，就会看到招聘网站和职位链接向你招手。智能化筛选的好处是软件替代你完成了搜集信息、定义和抽离等几个阶段的工作，你要做的只是轻触电子屏幕，选出一个看上去还不错的答案。你不用动脑子，只需喝着咖啡，瞪大眼睛，化身成一个接收器坐在沙发上就可以了。

一位常年待在办公室的白领辛辛苦苦终于攒够了首付，准备在生活的城市买套房子。当他握着手机在百度上搜索了第一条和楼盘相关的信息之后，15 天内手机向他推送了几百条房产广告。他终于找到一条满意的信息，他拨通了广告电话，联系上了一位房产经纪人，拿到了相中的这个房子的资料。同时，他还收到了其他楼盘的信息。他花了 24 小时思考，对比这些楼盘的优劣，计算资金的缺口，顺便还打了几个电话借钱。这个月最后的一个工作日，他去楼盘看了半个小时，签了购房合同。6 个月后，他突然发现自己购买的这套房子并没有起初印象中的那么好，就像恋人过了新鲜期一样。他开始发现越来越多的缺点，楼盘周边的配套没有完善，房子位置有点偏，去购物中心的公交车、地铁线路开通遥遥无期，这些与当初房产公司的承诺大相径庭。他感到有些后悔，可也无计可施。

做消费类决策时，人们极易陷入浅思考模式。表面上，他们做出了一个经过慎重思考的决定，实际上，却是在“有目的的信息”的引导下进行了一次“思考表演”。做这类事情的时候，我喜欢放下手机，去实地考察。也许会每隔两天就去一趟，直到发现最有利或最不利的信息为止。有时人们也会对自己的眼睛充满怀疑，因为信息总是动态变化的，你得争取时间等待那个变化，才能看清你所选择的目标是否就是自己想要的。

顶级思考高手因为有方向，所以从不迷茫

方向是最值钱的信息，也是一个很大的哲学问题。不管攻读物理学学位还是工商管理学位，钱是用来做生意还是买股票，本质上都是一种方向问题。人们筛选各种条件，就是为了找到方向。顶级思考高手比一般人强大的地方，不在于他的思考技术，而是他选择方向的能力。

有的人虽然精于筛选和计算，但方向错了，只会错得越来越离谱。比如精致的利己主义者，他们总是善于掂量利弊得失，总是把一个道德问题思考成利弊问题，把一个是非问题思考成立场问题。如果你愿意花点时间搜集资料、费点脑力，也能看穿利己主义者玩弄逻辑的诡辩把戏，以及他们表现得很像思考高手的样子。本书并不提倡这种方式，因为思考是为了让我们与世界的关系变得更好，而不是自我粉饰。

与利己主义者相反，有素养、有知识、有功力的人，你能从他们的身上看到什么呢？不是经过雕琢的低调，而是坚定的方向。当你能找对方向时，思考的技术就不再重要，此时的你如同乘上了一艘顺风船。而

一旦你的方向错了，再高明的思考技术也没有什么用。

筛选和决定目标之前，要先把心静下来，从容地选择、思考、行动。不要总是依附于别人的想法，也许它能帮你走得快一些，但不一定是你的路，只有找到真正属于自己的路，你才能摆脱迷茫。

筛选“想要”的，称量“所值”的

有一个女孩快毕业了，她是那种典型的为了工作而工作的应届毕业生。每座城市里都能见到许多这样的年轻人。到了大四，同学们都在寻找工作，她感觉自己也该找份工作了，便开始投简历。她不知道要做什么，也不知道自己能做什么，却想着找一个很好的工作，最好能有一间独立的办公室，走到哪儿都是一个受人尊敬的白领。

好，我们暂且假定她的希望得到了满足。但她仍然迷茫，筛选机制失灵。当她坐进办公室时感觉不到想象中的快乐。因为她是被就业的，而不是从心里想要达成一个目标去选择职业，只是机械地去选择一份工作，没有“大目标”，仅仅只是为了获得一份薪水而已。“薪水”这个目标可带不来真正长久的快乐。有人在工地搬砖的薪水一天都有好几百块钱，比她现在的薪水还要高，但她肯定不乐意去做，所以薪水不是快乐的决定因素。

筛选自己“想要”而不是“需要”的东西是深度思考的必修课。有一些大学毕业生刚到企业工作时会陷入一种状态：什么都不愿做，什么也不会做；教他，他不学，自己也不上心，只能完成一些最基本的工作——不需要高学历就能完成的最简单的事情，甚至都不需要思考，连培训手册也不用看就能做的工作。他选择了一个自己“需要”的目标，为了不至于被人嘲笑浪费时间，他在朋友圈不停地抱怨：“哎呀，我今天好累，又要加班了。”有的年轻人以为自己用电脑录入了几组数据，编写了几个文档，就是为公司做出了巨大的贡献，实现了某种价值。实际上，他们不过是做了一些基础的工作，自己被自己轻易地感动了而已。这种现象是浅思考模式导致的，他们只是看到了工作的表面，而没有思考深层次的工作内容。这些“自我感动”的年轻人如今到处都是，和随便写个项目方案就自以为是在创业的群体有高度的重合。也许思考一个高深莫测的哲学命题的工作更适合他们，因为他们已经很久没有理性地思考了。人们总是选错目标，继而向着错误目标继续努力，走向更大的错误。

05 设计，让精准决策毫不费力

| 思考和正确决策之间，有时就隔着一层薄纱，但有时却比牛郎和织女之间的距离还要远。|

本书为读者提供了一个思考和决策的“新视角”——归纳法和思维导图，这是我十几年来常用的决策方式。从搜集资料到做出决策，人们依赖比重最大的工具是什么？怎么判断自己是目标明确且理性地做出了一个决定呢？情绪人和理性人最大的区别又是什么？

性格和喜好影响决策

老张每天都为公司的琐事烦忧。早晚上下班的汇报，隔日一次 45 分钟的部门管理层会议，不定期地到全国各城市、区域中心乃至国外出差，他的大脑不停地运转、计算、决策。久而久之，他发现有一种方式可以帮他应付这种局面。他在办公室墙上贴了一张便笺：

周一：烦，不宜出行。

周二：水瓶座宜开会。

周三：宜批示。

周四：忌签约。

周五：宜决定大事。

周六：约会。

周日：研究投资。

细心的同事还能看到，他的便笺简直就是万花筒。哪天利于出行，哪天利于开会，哪天不宜做财务决定，哪天应该买股票，上面均有提示。老张转而用“星座家”那一套来管理公司，效果似乎不错，部门运转有序，业务蒸蒸日上。他很高兴。但如果用神秘主义的仪式就可以做好这些复杂的决策，那么之前他日夜劳神的认真思考和过去的专业积累又有什么价值呢？

丝毫不用怀疑，人们的性格和喜好影响着思考和决策的方式，这跟结果的正误无关，它展示的是人们对于行为路径不同的设计思路——有的人会说性格决定命运，有的人则相信星座推动运势。幸运的是，他们能看到被性格和喜好所导引的结果，就像老张，他终于甩下了一个沉重的包袱，再也不用搜肠刮肚地思索、分析那些写满数据的工作汇报了。他只需要假装认真地听一听，然后严格根据便笺告诉他的准则决定自己的行程、签字和批准汇报的时间就行了。至于对错，他现在还没有尝到苦果，思考“什么才是决策”让他头疼，而且他对便笺没有告诉他的问题毫无兴致（本书在后面的内容会对比这两种决策模式分别给老张带来了多大的麻烦，还会计算老张因为已习惯的浅思考所付出的惨痛代价）。

总而言之，在解释每个人的表现时，可以找到很多“主观”的标签给他贴上。而你我又何尝不是这么主观地判定日常大小事宜呢？宁愿相信一张星座卡，也不愿听从理性的引导。科技社会创造了如此冗杂的信息，每日扑面而来影响决策的因素实在太多了，人们迫切地需要帮手和心理安慰，于是决策渐渐变成了一种神秘主义，比如供在许多企业家办公室里的财神爷、关公的雕塑，常年香火不断。它们起到了暗示和安慰的作用。

书店里琳琅满目的星座和管理书籍告诉读者，这是属于“星座家”和“管理家”并排演出的时代。我并不认为读者能从“专门教授你思考技巧”

的“专家”那里学到快速解决问题的本领，因为用“一”“二”“三”“四”的排比句诱导读者亦步亦趋的“思考专家”并不是那么靠谱。

什么才是决策

10个人里有9个人对决策存有误解，以为思考了的就是正确的决策，其实这是双重谬论。我在搜集世界500强企业的中高层管理者的历史资料时发现了一个有趣的数据，67%的人经过30分钟以上的慎重思考而做出的决定，其正确率却比不上只思考5分钟就做出的决定。首先我们要明确，正确率指的是事情发展到最后阶段接近或实现目标的比例。思考的时间越长，误导决策偏离轨道的因素就会越来越多地被采纳。

决策不是做出对自己最有利的选择，而是做出最接近正确的决定。但人们常把前者视为决策，而把后者视为错误。

在第六章中，我打算从另一个角度来和读者一起讨论决策这件事，即观察事情的视角不同，决策就会不同。即使对同一件事，人们的行为表现也有可能截然相反。而思考的深度不一样，看待事情的视角也会大有区别。

人们在现实中通常会以两种模式来思考问题，并做出决策。第一种是基于本能的欲望做决策并采取相应的行动；第二种则是基于自我设定的目标进行决策。

怎么区分两者的差异呢？

举个例子，萧亮兴冲冲地带一位好久未见的老朋友去一家自助餐厅用餐，他们见什么好吃拿什么，一直吃到餐厅打烊。埋单时，他们都忘记吃过什么。更为糟糕的是，老朋友因为吃得太多太杂而闹起了肚子。老朋友原本只想找个地方吃点便饭，好好聊聊，却在萧亮的热情招待下住进了医院，打了两天点滴。

萧亮和老朋友大吃大喝的行为就是因本能的欲望而制订的决策。面对无数的美食，他和老朋友的本能驱使他们想吃哪一种食物就吃哪一种，根本不考虑忌口——不能吃辣、不能吃冷、不能吃生海鲜等。

换一种思维模式，假如萧亮在利用自我设定的目标指导自己的决策和行为时，运用了归纳法和思维导图，他就不会任由食欲来支配自己。萧亮可以先定一个有效的目标：和老朋友吃一顿健康的饭。这顿饭既能彰显两人的友谊，又能满足自己的食欲，吃完身体舒服还有营养。在这个目标的指导下，面对任何美食的时候，萧亮都能理性地思考是否符合自己设定的目标，也许最终只吃了一碗面，或者仅吃了一盘蔬菜，两人也很满足。这个过程中理性的思考和明智的选择达成了目标，而不是任由本能在大脑中跳舞。

思考和正确决策之间，有时就隔着一层薄纱，但有时却比牛郎和织女之间的距离还要远。距离不是取决于眼光，而是取决于内在的认知。

回到开头时提到的两种模式，第一种是情绪化的思考，第二种是理性的思考。情绪人和理性人最大的不同就是，他们对待决策和行为的方式不同。情绪人容易被自己的“情绪本能”控制，没有准确的目标，自然就没有精准的决策。更确切地说，这部分人对思考的要求是越懒越好，越爽越好，呈现出情绪化、放纵化和发泄化的特点。理性人则服从于自己的理性思维，冷静地面对外界的信息，形成能力成长的反馈闭环。在任何重要的价值交换中，理性人都能够清醒地告诫自己：思考、决策和行为的目的是优化“价值交换”，而非本能的宣泄。

无论如何，至少需要学会换一个视角来思考和制订决策，尤其是当我们习惯了情绪化和冲动时，更要懂得“自我复位”，重新设计决策模式。在阅读第六章的内容之前，我们不妨先问自己一个问题：我是一个经常被本能控制的人，还是一个以理性为导向的人？

06 反馈，用结果修正思考的偏差

| 我们之所以经常“好心办坏事”，是因为接收不到反射回来的“目光”。|

思考的反馈、修正与调整是一个人不断加深对自己认识的过程，同时也是向外界学习的过程，是使人们的思维方式更加有效的必要手段。你有一万个精妙的想法，也比不上一个用行动校验的做法。思维方式的有效与否，需要在行动中用结果去验证和修正。

最成功的总裁与都市乞丐

从现实的角度出发，思考的正确与否需要行动（结果）的验证。结果反馈的信息是对之前思考和决策的回应。思考是人对世界的勾画，反馈则是世界对人的回应。能在两者间达成平衡的人，思考的深度和穿透力都很值得赞叹。实际上，这种能力不专属于某个人，它可能属于一位坐在都市商务中心区高端写字楼顶层的某公司的总裁 A，也可能在一位都市乞丐 B 的身上若隐若现。

最成功的乞丐 B 起初的经营范围不包括地下通道，他活动在繁华的商业街、商务中心区、人流如织的闹市等商机良好之处。也许某一刻，他和 A 擦肩而过时还向这位总裁讨要了 10 块钱。起初他认为这些地方是天堂，是有钱人汇集的地方，怎么能不发财呢？但是经过几个月的实践，他得到的反馈越来越明显地指向一种消极的结果：虽然商业街来来往往的有钱人很多，但愿意为他停留几秒钟并施以同情的人少之又少，而且他还要冒着被城市管理者不定期驱赶的风险。从概率学的角度看，在广阔的引人注目的空间（行人足以提前发现并远远绕开他、城市管理者轻易就能驱赶他的地方）行乞致富的前景十分渺茫。于是 B 修正了自己的思考，他开始注意到地下通道这个神奇的地方。地下通道是相对封闭的空间，行人很难避开他，简直是上天为他专门打造的行乞之地。如果他向后辈传授经验的话，他百分之百会说一句："脑袋要灵光，做事别死板，不行就得改。"

最成功的总裁 A 日常思考的事项是 B 所想象不到的，但本质与 B 所考虑的却无半点区别。A 要考虑公司的经营思路、制订产品的营销方式，还要思索激烈的市场竞争下的发展之道。他和 B 一样，需要用结果来验证自己的思考。假设 A 在某一天的早晨做了一个激动人心的决定，他通过分析新闻、政策、市场数据等信息发现，他应该领导公司向一个新的领域进军，对公司进行改革。人们经常看到这样的报道，有些大公司的总裁就有这种魄力，他担负着让公司越来越好的责任。假设他筛选和辨别了所有的不利及有利因素，说服了董事会和股东，踌躇满志地上路了，然而他发现现实与设想大相径庭，他带领公司掉进了一个坑，事业从此一蹶不振。在无数个可能的节点上，A 都可以利用反馈进行自我修正，反败为胜。但一定得有这么一个节点，否则 A 的反馈机制就失灵了。可能在一个不太惬意的午后，携老带幼的 B 又会在商业街、商务中心区与 A 擦肩而过，B 很想施舍给 A10 块钱。当然，他们也许属于一生都不会相识的两个人，但他们的思考却是可以共通的。

两脚踏云的理想家

一个愤世嫉俗的创业者，他对世界产生误解的原因大体上源于他不肯修正自己的思考，喜欢活在自己的小世界里无病呻吟。这不是思考的错误，而是他对世界的看法存在问题。我不是从少数样本中得出这个观点的，而是始终与读者一起感受到了这些浮躁的信息。

有一年我在洛杉矶的独角兽俱乐部（Los Angeles Unicorn Club，

由硅谷投资人创办的融资论坛）遇到了一位创业者C。C是美墨混血儿，34岁，曾在国际商业机器公司（IBM）担任技术部门主管6年，他的技术能力有多强，人缘就有多差。C喜欢高谈阔论，他有厚厚的6种语言版本的商业计划书，有专业得如同哈佛商学院教材的项目和产品说明书，也有别出心裁的团队规划。他最大的缺点是忽视反馈，对不确定的因素不屑一顾，没有后备计划，偏执坚硬得就像一根千锤百炼的钢筋。他坚信自己可以改造一片荒芜的市场，创造出一个新的商业世界。在投资人的眼中，把钱投给他就好比打水漂。即便他有机会成功，需要的时间也长得让人绝望。因此，当投资人婉言拒绝他的融资请求时，C当即发起脾气，他用右手四指的关节铿铿地敲打着桌子，左手没有规律地摆动着，眼睛直盯着昏昏欲睡的投资人，愤怒地说了一句让在场的人包括我在内数年后仍当作谈资的话：“你们怎么确定市场是不能改造的呢？”

拒绝现实的人通常都具有这一特征，抛出一个“不确定性”保护自己的另一个“不确定性”，转移辩论的焦点。比如，一位喜欢协调婚姻关系的好事者苦口婆心地劝解家暴中的受害者：“好好过啊，他未必会再打你了。”生活中处处充满理想化的期盼，但这对结果有害而无益，还会损伤思考。我把这种人形容为“两脚踏云的理想家”。

我们应该如何看世界

浅思考在本质上属于静态思考，理想化地认定思考的条件恒定不变。深度思考则属于动态思考，即认为任何用来思考的条件都处在不断的变化之中。

我特别喜欢听辩论家的辩论，类似一场左手和右手的拳击比赛。我闲暇时也会参加辩论家的辩论，只不过，他们是在严肃认真地辩论，不分胜负誓不罢休，而我是去找碴儿的。他们和科学家最大的差距在于——他们会主观地删除一些显而易见的证据，以使资料看起来更加符合自己的观点，而且自以为合乎规则。科学家则以此为耻，因为科学思维绝不容许掩耳盗铃。我经常揪住他们“漏过”的、对于确认事实又“很重要”的信息穷追猛打，直到他们理屈词穷地单方面宣布胜利，顺便剥夺我的辩论资格，甚至永久拉黑我。很残酷的是，今天有相当数量的创业者也兼有辩论家的这种习性，他们挑选证据来支持自己对市场的观点，无视负面反馈，唯一不反对的是“有更多的钱”。比如C，他的大脑能帮他赢得一场辩论赛，但赢不了现实的商业比赛。他是辩论的赢家，却是经营的输家。很多人把思考当作说服别人的武器，而不是解决问题的良药。这导致一些聪明的脑袋在生活中百无一用。

不少自诩为精英的投资者也在使用辩论家的思考模式，大脑只出不进，封闭起来拒绝反馈。他们认为不符合预期结果的都是假象，因此经常把“技术性调整”这样的词汇挂在嘴边，治疗“股票熊市”给内心造成的恐慌。美国投资家索罗斯认为许多投资者都是愚蠢的，在一次发言中，他嘲笑道：“有些人脑子里装满了陈旧的知识，不屑于研究现实，世界在他们脑中是一个由数字拼成的平行世界，与真实社会格格不入。他们只配在《华尔街日报》的专栏‘指点江山’，因为写错文章还不至于赔掉身家。”

人们之所以经常“好心办坏事”，都与看不清现实有关。第七章我们将讨论培养深度思考的最后一步：反馈如何帮助我们做正确的事。从跟踪思路的执行、查补执行漏洞、积累行动优势，到最后的归零思考，在提升思考能力的整个链条中，“善于思考而懒于行动”的弊病可能如影随形。一般而言，浅思考模式总是会让我们在行动中付出代价和隐形成本，而学习利用反馈则能及时修正我们自己的错误。

第二章

深度思考养成第一步：定义

01　信息，不是一个确定的 YES，就是完全的 NO

02　性质，用 n-WHY 分析法接近事物的真相

03　路径，心智模式的较量

01 信息，不是一个确定的 YES，就是完全的 NO

| 对信息的判定应该遵守墨菲定律，任何有可能发生的事都会发生。 |

萧亮的生意

听多了与“可能”有关的事情，却发现这些“可能”大多数都走向了坏的结果。无论是情感生活还是商业合作都无一例外，不能被精确定义的信息只会变得越来越含糊。比如，客户 476 天前告诉你：“嘿，哥们儿，这几天公司会打款给你。”那时，你的妻子刚怀孕。而现在，你的孩子已经会叫爸爸了，然而那笔钱却还没到账。

萧亮之所以举这个例子，是因为他深谙传达欺骗性信息的技巧，这和萧亮的生意有关：17 年前，他从自己的第一位师傅、美国培训与发展协会的公关经理——荷兰人维德——那里学到的第一个词就是“可能”。这个词语专门用来“对付”那些自己也不确定靠不靠谱，但对方急需你给出一个回答的情境。萧亮至今还记得维德当时的表情，所以他在工作日志中写下了一段话：“我一定选错了行业，我很悲观，这不是一个确定的 YES，而是一个完全的 NO。我的上司第一天就给了我一记重拳，他叮嘱我对数据加以分辨，对承诺一笑置之，对信息保持警惕。他可能是个骗子。”

17 年很快过去了，萧亮的生意越来越好，这部分归功于他娴熟的技巧。他深知“可能”是最不可靠的词汇，通常有可能出现的事情，都会走向反面。人们的直觉也许是对的，但在现实中大多数时候是错的，因此乐观想象、期盼的结果经常让人大跌眼镜，没法称心如意，这便是事物发展的奇妙之处。

在“可能”的主导下，维德没有变成骗子，而是变成了萧亮的良师。当他打出那记摧毁萧亮理想主义的重拳时，没有忘了给他留下一把钥匙。他说：“我不是有意教你悲观地看待世界，我不想摧毁你的童真，我是希望你明白，那些看起来可能的东西不都是真的，信息是最会骗人的玩意儿，你要懂得对事物做出自己的理解，而不是人云亦云，尽管你的理解有时也会出错。”

如果一件事情有变坏的可能，就要想到最坏的情况。这么做可以创造两种优势：

第一，你可以比别人更快地想到如何预防最坏的情况。

第二，你可以有充足的时间为坏事制订备用方案。

说回那位 476 天还未打款的客户，他精通拖延术，“这几天”是由无数的“可能”构成的未知期限：可能会是两天、三天，甚至是几年。这的确是个 YES，但不是确定的 YES，全看你如何理解。

人们在生活中和做生意时要处理大量类似的信息：

你能收到这笔钱吗？

你能信任这个客户吗？

你能采纳这个信息吗？

你能在股市转亏为盈吗？

你能相信这个男人并委身于他吗？

你能确认这件事的真实性吗？

你能执行好这份计划吗？

你能抵抗女色的诱惑吗？

……

对后面很多即将发生的事情来说，判定才是最关键的环节，如何处理这些信息对未来有举足轻重的影响。无论结果好坏，现在看只是存在可能性而已，你在不久的将来就能体验到登台领奖或裤衩被海水冲走的感觉。重要的不是你选择了相信或不相信，而是你怎么看待这种信息。

习惯于浅思考的创业者处理不好与“可能”有关的问题。比如说，维德的另一个学生坎纳，毕业于哈佛商学院，22 岁他就创办了自己的公司，融到了 50 万美元的天使投资，比扎克伯格得到的第一笔投资还要多。他天赋异禀，拥有雄心壮志，准备大干一场。“如果运气不错，谁敢说我的公司不是下一个微软或亚马逊呢？”他拥有得天独厚的优势，唯一的坏消息是，他相信一切“可能”的事情都会向积极的方向发展。每当出现不确定的状况时，他都将之看作机遇。对于从商者而言，这是不折不扣的坏习惯。由于他愿意沟通，也喜欢等待，与人为善，广结人脉，受到大量客户的好评，所以他交到了越来越多的“476 天客户”，公司的资金也越来越吃紧。最终，他在看似最火热的时候退出了市场，不得不说这是一个悲剧。萧亮喜欢坎纳这样的年轻人，他们思考问题的动机很单纯，喜欢把事情往好的方面想，彬彬有礼，遵守规则。萧亮想和他们交朋友，但不建议他们做生意。他们对商业和人性的思考太浅了，视野太窄，只能看到冰山一角。

后来，萧亮在他的工作日志中写道：“为什么 99.99% 拥有好项目的创业者都‘死’在了第一年呢？是劣币驱逐良币吗？不，是因为他们不懂得对付这种‘476 天客户’。他们不善于定义客户，也不明白如何定义问题。在这个环节上他们付出了高昂的代价（时间和金钱成本）。记住，只有奇思妙想并不能帮你成功，甚至会让你败得更惨烈。”

信息和思考的关系

首先，我要引用一段学院式说明："信息是用符号、信号或者消息所包含的内容，它可以用来帮助人们消除对客观事物认识的'不确定性'。信息的存在是具有普遍性的，因为它是事物的运动状态和规律的表征；信息对人类的生存和发展至关重要，因为它具有知识的禀性。总体而言，信息普遍存在于自然界、人类社会和人的思维之中。"在学院式说明中，信息的作用是帮助人们消除"不确定性"。

其次，以下是我对信息的定义：信息是人们用来自我欺骗和互相隐瞒的常用工具，当然也是帮助我们对事物做出判断的资料来源。但信息本身也具有不可消除的"不确定性"。美国哲学家、情报学理论的构建者之一——R. 卡纳普——在 1964 年提出"语义信息"的定义时，认为语义不仅与所用语法和语句结构有关，也与人们对所用符号的"主观感知"有关。他强调，语义信息是一种主观信息。比如平时听到的别人的话，看到的由人搜集、归纳、罗列、分析和总结的数据，每一个字、每一个标点都摆脱不了主观性，都包含其个人的立场、倾向性、猜测、有意和无意的加工改造。

任何人都无法在没有信息支持的前提下正确和高效地思考。假如坎纳再多几年社会经验，用自己的亲身体验获取了大量未经过媒体加工的原生信息，结识过狡诈的富翁、吃"人血馒头"的证券操盘手、精于合同诈骗的劣质客户，了解了谈判的陷阱、人性的复杂，他的创业之路未必有那么艰难，思路也能够成熟一些。他未来要做的工作就是打开房门，让自己修炼多年的逻辑体系经受门外世界的锤炼。顺利的话，三到五年之后他就能变得成熟起来。

为何女人更喜欢“坏男人”

女人为何更喜欢“坏男人”呢？这不仅是一道情感题，也是一道思考题和投资题。讨论这个问题，有助于我们理解生活中的种种诡异现象，精确地定义事物或者信息。

“不确定的美感”是针对人类另一半大脑设下的骗局，比如，女人热爱旅游、购物、美容、约会，男人喜欢猎艳、战争、股票、赌博、体育比赛等。萧亮即便可以看穿一切，也阻止不了他的同事李小姐沦陷在隔壁公司产品经理的满嘴鬼话中。产品经理经过包装表现出来的爱意，在萧亮眼中不过是为了欺骗女人感情而精心编织的谎言，这是一种有毒的信息；而在李小姐眼中则不同，作为一种“不确定的美感”，它很有诱惑力。

在萧亮的观察中，李小姐把产品经理的求爱定义为“他爱上我了”，进而推导出“他会跟我结婚”的结论。她由“不确定的美感”过渡到“确定的幸福”中，坠入了爱河。但在产品经理那里，求爱不过是一次猎艳，是对性满足的追寻，这从开始就确定无疑。爱上她？结婚？NO！他可不想跳进婚姻的深渊。萧亮从这个例子中感受到男人和女人的思维方式在问题的开端便存在巨大的差异，男人和女人对某些信息的定义有很大的差别。所以，连花瓶的摆放位置、书桌的颜色也会引发旷日持久的战争，这让萧亮对婚姻产生了深深的恐惧。

类似的问题还有："穷人思维"和"富人思维"让越来越多的人开始研究自己的思维模式——问题是，真的存在"穷人思维"和"富人思维"吗？如果结论是错误的，假如富人成功于机缘巧合或家族支持，穷人贫困于时运不济或家庭拖累，那么研究和学习它的意义又在哪里呢？

定义法则

来看一下著名的墨菲定律：任何事情都没有表面看起来那么简单，有可能出错的事情一定会出错，如果你担心坏的情况可能发生，那它更可能真的会发生。

墨菲定律其实是阐述了信息的动态属性。信息不是静止不变的，它不只传递信息的 A 面，同时还传递了信息的 B 面、C 面——可能是，可能不是，也可能什么都不代表。除非它已经发生了。所以，我们在面对信息时，要做好两手准备。

第一，先问“是不是”，再问“为什么”。在大脑收到信息时，要本能地保持怀疑，不要给出明确的结论、选择立场和采取实质行动，否则将陷入被动。一件事有1%的不确定性，就要视之为完全的NO，并控制住你“想做些什么”的热情。在这个前提下，要灵活地思考“是不是”的问题，而不是急于进行下一步。比如，这是不是一份我最喜欢的工作？如果是，我为什么不继续做下去并把它做好呢？这则新闻是不是真实的？如果不是，我为什么要表达自己的观点呢？定义总是在行动步骤的前面，这是进行深度思考需要养成的第一个习惯，只有完成这一步，后面的环节才能让你减少损失。

第二，对任何“确定会发生”的事情，都做好其“确定不会发生”的准备。当李小姐确定产品经理将和她白头偕老、“476天客户”确定几天内打款时，萧亮想起了自己处理这种事的经验——和我见识过的擅长思考的聪明人一样，他们听到一些“确信无疑”的消息时，第一反应总是“问题来了”。如果有一个人向你做了100%的保证，那么这中间100%有问题，你要做好它最后为0的准备。聪明人会首先想到这则信息的对立面和最坏的可能性，然后对一个极坏的结果做好充足的准备。萧亮保持了这个好习惯，所以他很少失望。他总能事先猜到结局，比如李小姐和产品经理的故事。

02 性质，用 n-WHY 分析法接近事物的真相

| n-WHY 分析法：对一个问题连续以 n 个“为什么”来追问，可以更接近真相。|

许多读者都知道华盛顿著名的杰弗逊纪念堂的故事。纪念堂建成后不久，墙面便出现了裂纹，一如我们见过的违章建筑。这究竟是什么原因造成的？责任在建筑商还是装修工，抑或联邦政府的腐败分子？最初的调查中，专家认为元凶是酸雨，但进一步调查发现，是清洁工人冲洗墙壁的清洁剂导致了如此严重的后果。于是，n-WHY（通过不停地追问，探究根本原因）分析法出现了，它与连续的针对性提问有关。

第 1 个问题：为什么要冲洗墙壁？因为墙壁上每天都有大量的鸟粪。

第 2 个问题：为什么有那么多鸟粪？因为大厦周围聚集了很多贪吃的燕子。

第 3 个问题：为什么有那么多燕子？因为墙上有很多燕子爱吃的蜘蛛。

第 4 个问题：为什么有那么多蜘蛛？因为大厦四周有蜘蛛喜欢吃的飞虫。

第 5 个问题：为什么有那么多飞虫？因为飞虫在这里繁殖特别快。

第 6 个问题：为什么飞虫在这里繁殖特别快？因为这里的尘埃最适宜飞虫繁殖。

第 7 个问题：为什么这里有那么多尘埃？因为要开着窗户使阳光充足。

这起事故的本质是什么？是“大厦开着窗户引发了墙体裂纹”，解决方案是关闭窗户，就这么简单。n-WHY 分析法的本质是连续使用“为什么”对事物的表象提出追问，步步深入，直至根本。它不局限于次数，直到找出真正的信息为止。有时你只需要 3 个问题，有时则需要 30 个。运用 n-WHY 分析法的基本原则是，放弃用确定性思维思考问题，带着不确定的疑问锲而不舍地寻找最初原因。即使这么做，有时也不能找到最精确的答案，但一定比不这么做离它更近。

不习惯问“为什么”是最坏的习惯

提出“为什么”，是为了抓住事物的核心要素，忽略与本质无关紧要的信息。比如评价一个人，品德和能力是核心要素，穿衣习惯和饮食嗜好就是无关紧要的信息。所以有些公司的招聘主管凭着对求职者穿着打扮的第一印象来决定是否录用的行为就显得颇不妥当。有的道理可以亘古不变，是因为它揭示了事物的本质。对于一件事情，抓住了 20% 的核心要素，便意味着拥有了 80% 的把握能够看到本质。假使要获得 100% 的把握，还要付出几十倍的努力去思考和分析 20% 的核心要素。至于剩下 80% 的关联因素，不是它们不重要，而是它们扮演的角色和发挥的作用是受核心要素影响的。

同样，恋爱中的男女，想要感情顺顺利利走到结婚，双方必须审视对方的核心要素。

假如李小姐和产品经理成功发展到计划结婚的阶段，那么他们的婚姻幸福与否是由什么决定的？先来列一张清单，把所有的相关因素写下来：

房子：面积，位置，价格，房贷压力。

车子：车的品牌，车的数量，车贷压力。

收入：年收入，增长幅度，发展前景，职位。

存款：银行卡余额，理财，股票，负债。

爱情：依赖感，激素指数，性吸引力。

三观：世界观、人生观、价值观的匹配程度。

形象：长相，身高，身材，随年龄增长的发福程度。

性格：是否有家暴倾向，沟通特点，性格匹配度。

家庭：农村还是城市家庭，父母亲友的人品、三观、矛盾指数。

在长时间的观察中，萧亮吃惊地发现，李小姐不是一个习惯问“为什么”的人，她讨厌一切需要冷静思考、等等再说的事情。作为不嫌麻烦的好事者，若萧亮把这一张清单拿给她看，奉上自己苦心钻研的成果时，极有可能出现意想不到的后果，比如一个持续 10 秒的白眼、一句“狗拿耗子多管闲事”的怒骂，还可能被李小姐向公司的道德委员会投诉。李小姐不会腾出哪怕 1 秒钟想一想自己为什么看产品经理是白马王子，而看萧亮却是癞蛤蟆。这种思维模式和萧亮恰恰相反，萧亮天生喜欢问为什么，他精于剖析，能够看到不同要素之间的关联性，从而轻易推翻好像确信无疑的结论——比如“长期持有股票一定能赚钱”和“李小姐与产品经理肯定能过上幸福生活”。

在这张并不复杂的清单中，经不起推敲的要素就像我们在高中时代写下的人生计划一样多。和无数破裂的婚姻一样，许多起初无比重要的要素最后都被事实证明是无关紧要的，另一些起初微不足道的缺陷则随着岁月流逝越发展现出破坏力，残酷地决定了婚姻的生死。人们走出第一步时就选错支点是一种常见现象。萧亮认为，也许李小姐多问一句“为什么”，产品经理就将现出原形。例如，为什么产品经理从不主动谈论结婚的问题，却对定期约会十分热衷？为什么这个长了一颗圆脑袋的男人从不当着自己的面给父母打电话？为什么不愿上交工资卡，或者向她公开自己的确切收入，和未婚妻执行财务共享？萧亮热切地希望李小姐能思考类似问题。他为这个女同事感到惋惜，而李小姐在爱河中却深感幸福，拒绝思考这段恋情的本质。

不知道从何时起，我们身边流行起了一种不习惯和没时间问“为什么”的现象。人们把大脑中一根叫作“为什么”的神经屏蔽了，因为问“为什么”很耗费精力，探究事物的真相也往往十分乏味、破坏气氛，影响自己玩游戏、刷朋友圈、享受花钱的乐趣。人们对坏消息不感兴趣，本能地将其拒之门外。就像我的一位老朋友、“堕世主义”的推崇者瑞恩·奈特（死于2011年夏季的一场酒后车祸）刻在脑门上的名言说的那样：“不要说话，举起酒杯；不要思考，闭上眼睛。”（号召人们变蠢的话总是极具煽动力）每次他邀请我参加聚会时，我看到的他都是一个今朝有酒今朝醉的形象，他从不思考劳心之事。所以对他堂弟巧妙篡夺了他的公司控制权致使他大醉一场并在高速公路送命的悲剧，我一点也不感到意外——奈特早晚有这么一天。

改变习惯很难，但最难的是迈出第一步。你有没有犹豫之后仍然能开口询问几个关键的“为什么”的情况？虽然有点难为情，但有的事别人请你代劳，你做出的决定是出于友情还是别的因素？你想没想过他自己明明能做，为什么还找你？假使你拿出几分钟好好考虑一下这些问题，可能你就摆脱了一件烦心事。

怎么发生的不重要，重要的是它是什么

有位著名私募基金操盘手发布过他的一个统计：在期货市场，不管你在什么位置买入，只要肯耐心等待，60 天内回本或赢利的概率高达 98%。在任何投资市场，只要肯等，你就不会亏，这是一个值得信服的结论吗？我认为它在某种条件下是成立的，但这个条件是你有足够的本金和足够轻的仓位，可以承受得住任何巨大的、漫长的价格波动。否则，只要遇到那罕见的 2%，有多少钱都会赔光。

有的期货从业者认同操盘手的观点——任何单子，如果能在下跌的市场中扛住，大部分的亏损都能够扛回来。坚持就是胜利，就是财富，他们是这么说的。但是，我发现 98% 的期货从业者都恰巧遇到了另外 2% 的概率，死得何其惨烈，这是一种悲哀。所以听信他们的鬼话，按照这样的模式思考和决策投资问题，你将必死无疑。因为这些追求概率的思考从根本上偏离了投资的本质，遮盖了自己从事的只是“价格投机品”

买卖的真相。

绝大部分股民相信，他们只要在一个相对低点，买入一个相对好点的股票，一路死扛，把时间拉长，坚持 5 年以上，甚至 10 年，赢钱的概率至少有 95%。说实话，即便只有 5% 的失败概率，或者不巧遇到了基本面的骤然改变，都会让投资者陷入“越是死扛，股价就越低”的境地，直至破产。事实上，很多人都是这么做的。当价格下跌时，他们聪明的头脑便开始自我说服，他们搜集各方信息“思考”了许久，做出“这是谷底，未来定会上涨”的乐观判断，不肯止损，而是要等到赢利才走，最好赚得盆满钵满，上演熊市逆袭变身千万富翁的财富神话。这种模式确实可以在一定的时期让他成为赢家，但是早晚会让他掉进坑里。随着时间的拉长，再小的概率也会变成必然事件，这才是投资的真相。

因为仔细计算的话，可以发现一个严重的问题是人们无法确定的：谁也不知道相对低谷在什么位置、谁也没有什么判断标准。100 元的股票跌到了 30 元，是相对低谷了吗？也许有 80% 的人倾向于认为 30 元是低谷，但是 30 元还可以跌到 3 元。这是股市历史上经常发生的事。过去数百元的股票，今天已经跌到不足 10 元，而且每日还在下跌。因此，“低谷抄底必会赢”的观点显然背离了股市的现实，也违背了投资的规律。许多投资者一直在这种错误的逻辑上赢利，但他们迟早会加倍还给市场，还会连累一大批他们的信徒。

创办伯克希尔·哈撒韦公司的“股神”巴菲特有一个“不想告诉别人”

的秘密，但他经常会主动说出来，因为他知道全世界贪婪的傻瓜都不会留意这段话。人们在收看成功者的采访时只顾寻找“如何赚大钱”的部分，本能地忽略、屏蔽了不利于自己进场的信息。以致股灾过后抚平伤口时才一不小心看到了那些给过自己无数机会的警世名言。巴菲特说：

> 没人能预测犯错的概率，也没人拥有完全控制风险的能力，错误是阴阳两面的阴面，永远都会存在。当你已经懂得犯错以后该如何去减少亏损，如何去管理这些错误时，错误才变得不再可怕。

你如何定义房子的价值，就会如何定义股票。重要的不是怎么发生的，而是“它是什么”。不论是定义一栋房子之于自己人生的价值，还是定义一只股票对于财富增长的意义，抛开表象思考它内在的本质都是与你生死攸关的事情。多问几个“为什么”，追根溯源，然后根据实际情况调整你的方法。这样做也不是说就不会犯错了，而是能避免犯下那些最愚蠢的错误，并不断地修补自己思维中的漏洞。

03 路径，心智模式的较量

丨每个人都有自己的心智模式，它决定人们如何认识自己、他人、这个世界的其他事物，以及怎样思考。而每天的生活，就是在跟它“谈恋爱”。丨

苏格兰心理学家肯尼思·克里克在20世纪40年代提出了心智模式的概念，他认为心智模式决定了人们思考的路径。后来，认知科学家马文·斯基和认知心理学家约翰逊·赖尔德等人采用了这个说法，并广泛将其应用于心理学领域，也用其解释认知问题。他们对心理学研究贡献甚伟。

假设心智模式是一个看得见、摸得着的事物，为它搭建一个模型的话，那么可以称它为深植于人们心中的关于自己、别人及周围世界每一个层面的假设，并且它深受人们已有的知识所局限，表现出了各具特色的行为路径。简单地说，心智模式根深蒂固地生长于人们的心中，指导着我们如何思考，影响着人们眼中的世界，左右着人们如何认知、思考世界。需要强调的是，人们通常不易察觉自己的心智模式，也难以判断它对自己行为的影响。

“杠精”的“受害”和“掌控”

搁置上述显而易见的影响，心智模式给予人们的思考和行为符号还包括一些让人印象深刻的东西，比如受害、掌控等极端行为，可以称之为“杠精”（已经成为十分普遍的现象）。除了萧亮这样的思维“杠精”外（他天生喜好和别人的思维模式抬杠），人们还会遇到很多其他种类的“杠精”。他们的大脑就像坚硬的花岗岩，已经不可救药。比如追涨、抄底时期的股民，醉心于虚拟货币的狂热投机者，民间自封的“物理学家”，明星粉丝，还有以自我感动见长的政论家。

受害型心智模式：只要跟我的立场不一致，那肯定是坏的、别有用心的。

掌控型心智模式：只要跟我的认知不一致，那肯定是错的、需要拯救的。

这是因为，人类的大脑几乎只能通过比较和分类的方式处理信息。对理性人来说，无法比较和分类的信息能够寻找可参照的范围，至少他们愿意平和地沟通，倾听不同的声音，扩大自己的视野。即使达不到沟通的目的，理性人也不会偏激，更不会钻进死胡同。但对容易被情绪调动的人来说，平等沟通和倾听其他的声音不亚于让他跪地求饶。他们不能接受处于“被支配地位”，暴露自己的“失败”。当一种观点、现象无法归类，且又超出他所知的可参照范围时，他便进入难以理解的处境。受害型心智模式的人喜欢随意妄加揣测，而且易患被迫害妄想症，总觉得有人在针对他。掌控型心智模式的人则在处于被动的情形时会感到愤怒，力图不择手段地挽回“劣势”，他们会顽固地捍卫自己的思考模式，力求说服对方。

心智模式的特点

心理学家认为，人的心智模式有七个特点：

第一，每个人都具有心智模式，这是人生物性的一面。

第二，心智模式决定了人们观察事物的视角和做出的相关结论。

第三，心智模式从根本上指导着人们思考和行为的方式。

第四，心智模式让人们将自己的推论视为事实。

第五，心智模式是不完整的。

第六，心智模式不但影响人们行为的结果，并且还会不断强化这种结果的效应。

第七，心智模式总是比它的“实用性”更加长寿，且难以改变。

不过，当我在投资、企业管理、情感、生活、社交、学习等领域观察很多人尝试解决不同问题所表现出来的思考方式时，发现人们的心智模式并不是一成不变的，对于不同的问题和情境，人们的思维路径与心智模式的体现并不是前后一致的，其中某些特点也并非相互独立，而是彼此影响的。

第一，不完整的缺陷性。人们对于特定的现象所表现出来的心智模式大多是不完整的，针对某个问题或某种特定的领域，均拥有各自的缺陷和不足。这说明没有完美的理性者，投资界的神人也可能是情感上的白痴。

第二，行为的局限性。人们的心智模式与行为并不完全相符，执行能力有局限性，并且受客观条件的限制。

第三，动态的不稳定性。人们有时会忘记自己使用的心智模式，尤其经过一段时间后，可能就转换为另一种心智模式了。心智模式的转换体现在立场上，比如学生时代的 A 与成为教师的 A 判若两人，但他的内心一点也不违和。他觉察不出这种动态性的不稳定。

第四，没有明确的边界。心智运行的机制经常混淆，相反思考路径、立场、分析方式不存在清晰的分布，当然也不存在绝对的对立。这个世界上大部分人是“中间人”，所以不要“黑白分明”地看待世界和其他人，不要给人贴上“非好即坏”的标签。

第五，神秘主义特性。人们经常使用神秘主义心智模式，即使他们知道这不正确，但也觉得很有必要。这说明没有人像他声称的那样了解自己，有时他并不清楚自己为何会做出 A 决定而非 B 决定。

第六，思考与行动的断裂。人们想到也未必能做到。事实上，人们总是空想多过行动，喜欢心智规划而懒于迈出实际的一步。这些“节省掉的行动”造成了许多人的心智与现实表现的断裂，成为勤于思考而懒于行动的人。

改善心智模式

心智模式是一个微妙的话题，谈论它有很多现实风险。比如会被质问：“你有什么资格对我评头论足？”就在写下这句话时，我仿佛已经听到了无数读者的指责。但是，每个人都有心智模式，人们每时每刻都受到它的影响，如塑造思维模式、构成思维的路径、决定奔向何方、一生有何建树。如果不能驾驭或改善心智模式，人就会成为它的囚徒，变得愚蠢、短视、渺小。能够驾驭和改善心智模式，才能变得精于思考，敢于行动。

◇ 学习

学习能开阔人们的视野，其关键是获取了新的信息，并从中提取不一样的知识，改变了对事物的定义。学习能拓宽大脑的“观察窗”，了解新的思考逻辑，掌握更多的规则，更新思考的路径。学习也能使人们得以借鉴新的观念，形成新的习惯，修正自己过去的价值导向，让它变得更好。总之，学习是改善心智模式不可缺少的一步。

首先，消除学习的误区，不仅要通过读书、听课获取新的信息，还要扩大人际交流的范畴，观察其他人，尤其是“欣赏”失败者的表演，失败者涕泗横流的哭诉和血的教训远比成功者自我标榜的虚假演说更能帮助我们。其次，我们需要接纳和尊重差异性，积极地向与自己看法不同的人学习，但要保持必要的距离和独立性。

◇ 自省

很幸运的是，我是一个每日自省的人，每天晚上睡前半小时我会对自己这一天的思考、行为进行一次复盘。我认为这是改善心智模式、提升思考深度的有效方法，能大大减少次日可能出现的失误。通过自省，可以看到隐藏于自己内心深处的顽固偏见、不现实的假设、荒诞的逻辑和自以为是的规则，能使这些图像浮现出来，借此对思考的有效性加以检视。自省还有一个好处，即能让人们以开放的心态接纳不同的意见。可以肯定的是，自省是顶级的思考高手都具备的好习惯。

◇ **总结教训**

在这个浮躁的时代，人们学会了许多技能，也愿意接受新的知识，唯独对教训始终排斥。更常见的情形似乎是：一而再，再而三地吃苦头，老办法确实行不通了，才开始亡羊补牢，对自己过去的做法进行反思。这就是为什么我喜欢那些不回避问题的人，因为这种品质变得越来越稀有。积极地面对问题、困难与挑战，主动地分析问题，有助于人们的心智模式跟上时代的变化，优化自身的思考和行为。

◇ **通过更换环境来变更“思维路径”**

由于每个人的成长环境与经历不同，心智模式也是不一样的，且具有对特定路径的依赖。即人人都有自己的习惯、擅长的思考模式、价值观、立场等。就像一座住久了的房子，哪怕房子破旧不堪，但对住在房子里的人而言依然舒适。这意味着不同的经历和人生目标使人对某一特定事件的意义都有各自的理解。在这种情况下，换一个新环境可以快速起到调整心智模式的效果，有利于思维路径的改善。比如，萧亮因长期居住在洛杉矶，对国内无现金支付的消费方式很不理解，但回到北京两个月后，他便在《洛杉矶时报》撰文批判美国落后的支付方式。环境的改变引起了萧亮观念的转变，这一点也不奇怪，新颖、鲜活和丰富多样的生活体验会冲击甚至冲破人们固化的心智模式。假如你长期在一种固定的环境下工作和生活，不仅难以产生灵感，还容易固化思维；换一个全新的环境，则能起到更新思维土壤的作用，让你拥有一条新的思维路径。

◇ 避免“选择性观察”

“选择性观察”是人性的本能，也是心智模式的自我增强特性。你怀疑邻居老刘偷了你家的花盆，就会有意地搜集种种旁证以确认该判断；你怀疑老刘出轨，是个品德败坏的家伙，你就会格外留意他和妻子吵架、出差久久不归等信息，企图验证自己的观点。就对事物的定性而言，这是最易出错也最难防范的环节。当人们心里有了某种想法之后，一定要避免启动心智模式中“选择性观察”的机制，避免去寻找更多能够印证这种想法的事例。如果你阻止不了，就会坚定自己最初的判断，直至得出一个错误的结论。我建议的策略是：用开放的心胸归纳整理新的资料，进行不含情感色彩的推论，从而改变自己的选择性判断。这其实是很难做到的一件事，如果能长久保持中性态度，发现新的信息，或者能用新的视角解读现有的信息，就可以持续地改善心智模式了。

◇ 情景规划法

情景规划法在商业和管理中的应用十分广泛，它被用来改善团队的集体心智（模式），优化团队思考。具体的做法是，运用不同于传统战略规划或者预测方法的手段，质疑那些人们认为理所当然的“基本假设”。在质疑这些假设的同时，开发和预设新的情景，帮助人们以新的视角观察、思考这个世界，从中看到无限变化。例如，荷兰皇家壳牌集团之所以能成功地渡过20世纪七八十年代两次石油危机的巨大冲击，都得归功于情景规划法。情景规划法促进了管理团队心智模式的改善，加速提升了他们的学习力和思考力，使之跟上了时代的变化。规划新的情景，实际上是从一个旧的封闭的房间走进一个带有露台、能看到天空的新鲜空间。

◇ 从深度会谈到深度思考

麻省理工学院斯隆管理学院资深教授、国际组织学习协会创始人兼主席彼得·圣吉非常推崇名为“深度会谈”的交流方式。他认为，相对于个人的学习，在与他人的交流中得到思考的启迪，更能让自己触及核心智慧。为了实现深度思考，人们需要高层次、高质量的倾听与共享。这么做的目的不仅仅是探究事物的真相,更是和众人建立“共同的意义”，达到意见的统一。从深度会谈到深度思考，要求人们彼此自由地探讨话题，摒弃内心的成见，开启理性的思考，对平时一直认为理所当然的经验、工作程序提出质疑，从完全相反的角度思考和探究，以此发现隐藏在事物背后的真正规律。开始时你也许会很不适应，但很快便能乐在其中，因为它能帮助你全方位地了解整个世界，看到平常刻意疏忽的思维死角。

◇ 坚持与持续的“修炼”

改善心智进而优化思考模式的种种方法在本质上都是自我内在持续修炼的过程，也是坚持深度学习的过程。学习和修炼贯穿人们的一生，活到老，学到老，也要思考到老，这是每个人自己的事情，别人无法替代，外部条件能提供的也只有促进和激发。

尽管每个人的情况不同，心智模式也千差万别。然而改善心智模式，会让每个人受益，会让他们变得积极自信，生龙活虎，超脱浅思考的层面，越来越有魅力。事实上，人们耳熟能详的那些成功的企业家和思想家，他们每天都在尝试改善心智模式。而全新的心智模式，也让他们愈加思想发达，事业精进，人生精彩。

四个路径

我在很多场合都宣扬过一个主张：企业家要从“管理家”升华为“思想家”。再出色的管理家也只是“办事之人”，思想家则兼具办事者和传教者两种身份。而后者工作能力和思想俱全，知行合一，拥有理想的心智模式和人格。我倡导人们在工作中升华成为后者，既能做好本职工作，又能向同事传递积极的价值观。

那么，如何升华为“思想家”呢？

第一，要使自己的推论“明确化”，清楚自己产生某种观点的原因和依据。

观点可以让人们看到一个人的见识，推论可以让人们清楚这个人的逻辑。要证明一个人的观点对错，就离不开入情入理的推论。那些清晰透彻、一目了然的推论，不但可以佐证观点，而且可以明确地指向其内在原因和理论依据。

第二，希望并主动寻求别人讨论自己的观点，欢迎他们来发现推论中的破绽。

人是社会动物，每个人都不可能活成一座孤岛，都需要与人交流。当你对自己发表的观点有所质疑或是受到别人的质疑时，不妨找几个见识广博的朋友讨论一番，不要担心他们的评头论足和郑重批判，只要对方讲得有理有据，你就要接受，正好也可以检验你的观点，发现你推论中的破绽。

第三，希望他人提供不同的看法，特别是想听到、看到不同观点所凭借的依据。

任何观点都不可能是放之四海而皆准的真理。有些观点的产生可能和思路有关，正所谓“横看成岭侧成峰”。当别人发表他们的观点时，你可以认真听听他们所凭借的依据，或许你可以从中发现不一样的思路，开启新的思考模式。

第四，主动并深入地增加新的信息渠道，随时修正自己的结论。

增加新的信息渠道，可以让你在第一时间接触到别人不易接触的信息。这样，你的信息来源面就被拓宽了。你从新的信息渠道获得的信息，有助于你完善思考，有利于你正确决策，从而及时修正错误的结论。

对大多数人来说，这四条路径具有十分现实的可行性，也是我多年来坚持的习惯。凡愿意承认自己心智模式存在缺点并有意改善的人，他们的思维不会停滞于昨天的某一时刻，也不会止步于今天的某一站点。在本章的三个环节中，了解到的所有内容都是对思考的启示，首先要明白的是：信息有哪些特征？探究事物的性质有没有简单的方法？心智模式是如何影响人的思考路径的？对事物做出定义的能力越强，思考就越精准有力。

第三章

深度思考养成第二步：抽离

01　放空，为思考留出“偷懒”时间

02　打破，远离复杂的无关线索，从最简单的问题开始

03　回归，让“纯粹”的思考聚焦“原始目的”

01 放空，为思考留出“偷懒”时间

| 放空不是睡觉，是让大脑翻个身，让心脏来一次急速跳动，或者争取一些冥想时间。 |

放空抽离法

从一团乱麻的情绪中跳出来很难，这和多情之人强斩情丝无异。人在想问题时有一个特点，越想不通就越要想，绞尽脑汁，直至筋疲力尽，身躯沉重。我们可以称之为“想不开的大脑”。大脑是一个贪婪的器官，它想掌控一切信息，自动对看到、听到的事物进行计算和分析，直到得出令自己满意的答案。

如果对一件事（物）实在想不通，就需要放空。是多睡觉？当然不是，睡眠的确是一种普遍有效的休息方式，但它还不足以达到大幅提升

思维能力的要求，你不可能美美地睡一觉就对之前一知半解的问题拥有颠覆性的见解。我的意思是，不要指望睡眠能让人变得更聪明，尽管午睡是一个好习惯。既然不能安全便捷地换掉脑袋，或者为它更新电池，那就只能在关键时刻让大脑停止对某个问题的思考，转移注意力，让它去做一些别的事情。这就是放空。

通常，文学家是放空大脑的高手。日本著名小说家村上春树创作了《挪威的森林》《海边的卡夫卡》《且听风吟》等多部畅销全球的作品，他是天才作家，同时也是调节大脑的高手。从 33 岁开始，村上春树平均每天跑步 10 公里，每年至少参加一次全程马拉松比赛。作为时常待在封闭空间内埋首写作的人，他的运动量是如此惊人。假如不这么做，他可能写不出太多美妙的作品，因为写作本身就是一项艰苦的工作，需要久坐，需要灵感。没东西可写时，干坐着硬想是吃力不讨好的，有时你坐上几天也未必能想出几个满意的句子，反而把自己搞得头昏眼花。村上春树便是用跑步的方式让大脑休息，同时在奔跑中找灵感。

思考是一种脑力劳动，大脑皮层极度兴奋，身体却长时间处于低兴奋的状态。对此我很有经验，当连续几天开会、谈判、磋商、撰写方案以寻找突破点而毫无进展时，大脑里面就像有无数的鼓点，脑细胞活跃得快要跳出来，全身的肌肉、手脚、腰腹等却十分乏力。每当我感受到身体里这两种奇妙状态时，便意识到应该放空大脑了。我必须将思考抽离出来，停下手上的工作，因为我知道再这么攻坚下去不会有任何收获。

我的“想不开的大脑”不想停工，这时睡眠能起到的作用微乎其微，除非我处于熬夜加班三四天、极度缺乏睡眠的状态。所以我选择了一个折中的办法：放下手头的工作，开车去郊外，爬山或者游泳。数个小时后，也许我还泡在水里，但新的活力已被点燃。于是我在这些情境中解决了之前棘手的问题，工作效率提升了好几倍，而我为此支付的不过是几个小时的放空时间。虽然这个方法不是 100% 有效，但它确实扩充了我思考的深度，还删除了我大脑中的垃圾文件。

大多数情况下，思维的麻木、停滞、磨损等低效的表现来自对一成不变的现状感到厌倦。不婚主义者的担忧和本节的论点异曲同工——如果婚后的生活每天重复着柴米油盐和琐碎争吵，结婚的意义是什么呢？同理，假如思考陷入一种原地踏步、徘徊、反复进行无效尝试的模式，那思考的意义又是什么呢？这并不代表我赞同不婚主义者对婚姻的思考，他们有值得认同的一面，但拒绝繁衍后代、把社会资源让给其他家庭的做法并不在本书的支持之列。你只要记住，开始无效思考时需要马上踩下刹车，立刻停止。

最好的放空方式是让人们能重新点燃生活和工作热情的活动，比如冥想、瑜伽、围棋（如果你深谙围棋之道）、钓鱼和爬山等体力活动。进行这些需要消耗一定时间的活动时，基本规则是清空脑子里面正“叮咬”你神经细胞的事项，打开脑门把它们放出去。不用担心它们会跑得无影无踪，它们会像证券交易大厅电子显示屏上跳动的数字一样，在正确的时间归来。

“不思考”也是一种思考

我曾在一本杂志上读过一篇文章，叫《不思考是一种陋习》。作者的名字我已经忘记了，他文采斐然，内容很有说服力，论点也与今天的社会节奏不谋而合。但是，我只能对这个主题表示 50% 的赞同。一个从来不思考的人很显然是一个大脑停工的废人，但若将思考视为必须努力运行的工作，认为这样才能变得越来越聪明，拥有洞察事物的能力，则是大错特错。让我感到有些悲哀的是，越来越多的人中了这种论点的圈套，他们放弃周末休息的时间——因为他们觉得周末什么都不做是对生命的浪费，报名参加各种培训课程，或者花钱捧大师讲座的场。他们连主讲席上人的模样也没有看清楚，只听到几个貌似深邃的“金句”，便满足地以为自己的思考变得深刻了，对人生、事业等有了非同凡响的理解，并且选择发朋友圈展示自己的感悟。这是一个过度思考的时代，反而造就了越来越多的不懂思考的人。

关于思考，我有几条建议。

第一，当你觉得大脑力有不逮时，为何不卸下重担呢？萧亮的朋友老李是公司的技术能手，他开发的几款软件为公司挣了不少钱。老板高兴之下给他升了职、加了薪。一心想挣更多钱的老李并不满足，工作之余，他又接了几个私活儿，每天都要忙到凌晨两三点才休息。大脑连续地高速运转，让老李顿感头昏眼花，而且效率也越来越低。一天老李忽然病倒了，被几个同事送进了医院。躺在医院的病床上，老李想了很多，赚钱重要，但身体健康、大脑正常运转更重要。他决定好好调整一下，放下该放下的，因为没有人能凭借自己的聪明智慧获得一切，也没必要勉强自己。懂得在最佳的时机卸下重担，是为大脑减负的第一要义。

第二，定期安排“不思考”阶段，让大脑彻底休息。你可以抽空了解一下罗杰斯、索罗斯和巴菲特这些商业精英的度假习惯，他们每年都有一段时间是用来“消失”的，除了亲近之人，就算拥有通天本领的记者也不会知道他们身在何处，正做何事。媒体曾透露巴菲特喜欢躲在奥马哈，但更多的时候你在这座美国小城也见不到他的影子。这么做是为了让你离“制造问题的地方”远一点，既放空了头脑，也争取到一个可以冷静观察的距离。

第三，不是任何事都要思考“有没有意义”。我的一位亲戚在十几年前不幸患病，躺在病床上不知要多久才能下来，但她向来闲不住，脑子一刻不停地运转，所以睁开眼睛便不停地问东问西，像身体无恙时那样掌控丈夫和家庭的一举一动。我去医院探望时，正好碰上她发脾气，质问丈夫为何不把车停进医院的免费停车场，而是直接停在了病房楼的收费通道；她还令人费解地询问医护人员为何邻床的病人住了半天就走了，只住这么短的时间为何还要办理入院手续。一个人病到这种程度还有如此旺盛的精力，我很钦佩。后来一直陪护她的妹妹实在忍受不了（当众丢人），怒问："是不是病房里有一只蚂蚁爬过，你也要弄清楚它去干什么呢？"病房里的人哈哈大笑。像她这样好奇心太强的性格发展到极致，就会变成人们常说的"操纵欲太强"，最主要的表现便是对任何事都思虑过度，并且对所有的事都只做到了"知其然而不知其所以然"的浅思考。所以，有选择地思考，才是明智之举。

2016 年的一天，芝加哥《太阳时报》的编辑莱斯特·伯纳姆问过我一个问题："假如今天晚上你突然写不出我们专栏明晨见报的约稿，熬夜伏案苦思与推迟发表时间你会选哪一样？我要强调一下，这是一个思考问题。"看着他狡黠的笑容，我回答说："哪一样都不选。"我的选择是关掉电话、电脑、电视，不和伯纳姆这样的催稿狂人聊天，而是走出去散步，或躺到床上小憩，漫无边际地遐想，然后再坐回来考虑稿件的问题。放空大脑并且后退几步，有时候比使劲向前跑更有收获。

02 打破，远离复杂的无关线索，从最简单的问题开始

| 离得最近的信息，有时是最无用的。这些信息缠绕到一起织成一张复杂的网，就是为了欺骗你。把它们剪掉，才能找到最初的线头。|

房子和幸福感

有一次，萧亮在厕所蹲着，不知为什么突然开始思考一个从没思考过的问题，想到最后他汗流浃背，因为他发现这几年来自己做的计划、取得的成果离最初的规划越来越远了，这让他几乎不能原谅自己。萧亮思考的这个问题很简单："我住在这座城市幸福吗？"大脑中有一个声音立刻回答他："一点都不！"

萧亮就此和内心深处的自己展开了一次对话：

“那我为何搬到了这座城市呢？”

“因为家庭的需要。”

“我的需要是什么？”

“是一种惬意的有充分自由时间的状态。”

“那你现在拥有这种状态了吗？”

“完全没有，我感觉自己像是一个奴隶。”

“你是一个聪明人吗？”

“我有学识，有成功的事业，有大房子，显然我是聪明人。”

“那你为何混到这步田地，连自己的需要都满足不了？”

拷问内心是尖锐刻薄和不留情面的事情，以前的萧亮从未想过这些东西——面对面地质问真实的内心，回首过去不堪的历史。一般而言，这是能住进乡间别墅的成功人士才配得上的经历，但尚未成功的萧亮十分幸运（或不幸）地也来了这么一次。于是这次厕所的思考制造了一起事故，打破了萧亮一贯稳定的生活流程，为他开启了一场颠覆式的思考。正如每个人都会经历的恍然大悟一样，萧亮在这 10 分钟里突然悟到，自己这些年的行为一直被某些“不需要”的东西操纵。当妻子喜欢在大都市生活时，他义无反顾地举家迁徙；当构建一个和谐的家庭需要他买一栋大房子时，他背负巨债，知难而上；当事业需要他早出晚归、推杯换盏时，他毫无怨言地献出了自己的健康。而这些，只是一个又一个与他初心违背的线索主导的决策。

质疑与提问的能力

从厕所出来，萧亮把目光转向其他方向，如果有心情，他还可以环视一下大房子。为了购买这套房子他支付了 200 万元的首付，并背上了 400 万元的债务。房子在中国是一个巨大的信息源，围绕它的还有地段、交通、收入、身价、婚姻、财产、面子、资产配置等数据。每个数据都可以写一个故事，释放出一连串的线索和信息。它们一经出现，就会在你的脑海中互相苟合、裂变，进而占据整个大脑。人们在读到一本烂书、看到一部烂剧时也会有这样的感觉。很多人开始时一边看一边吐槽“这本书是多么的烂”，但看到一半时他已深陷其中，觉得“还是挺有意思的”。人的思绪容易被各种线索牵着走。当你想到要为自己购买一套房子时，这方面的线索就会层出不穷地涌现，给你沉重的压力，使你丧失质疑与提问的能力。你甚至会忘了自己本来要干什么，那份 10 年前就已制订好的低成本人生计划便宣布作古了。

但是离得最近的信息，有时是最无用的。不仅无用，它们还是蓄谋已久的联合杀手。萧亮去了趟厕所，出来后顿悟自己的人生不过是由这类信息主导的一次“打工之旅”。他是给这些杂七杂八的欲望打工的，他以为是自己在思考，其实是这些线索在规划他的每一天。

投资是无关线索最多的领域，也是最难打破思考障碍的残酷战场。股市中的新手从来不懂提问，只会辛辛苦苦地搜集线索。他们早晨醒来就打开手机、电脑，搜索和股价、公司成长、政策变动有关的信息，收看新闻，打听八卦，虔诚地听取专家的建议，然后信心满满地做出选择。遗憾的是，这么做总是错的，最起码做对的人不多。凭借新闻搜索工具和订阅权威专栏成为股市赢家的人寥寥无几。

这是一个财富大转移的时代，投资是财富大转移的工具。对全世界的投资者来说，这是一个简单而永恒的本质，但人们很难真正接受这一点，而总是选择视而不见。无关信息织成的网美丽又动人，传达的思想与规划的路径极具诱惑性，让你误以为找到了方向。如果不打破这张网，你就很难看到真相。

在处理问题时，我建议尽量使用数据和图表这类清晰度很高的工具，引导自己进行独立思考，得出结论。因为这个结论是抽离无关线索之后的，对下一步的判断和决策异常重要。

在遭遇新趋势的洗礼时，人们总是会忽略掉危机，只看到机遇。利益总是那么轻易地就蒙蔽了人们的眼睛，我们太容易被幸存者偏差误导了。什么是幸存者偏差？举个例子，一场经济变动的 5 年乃至 10 年后，我们会听到新的成功者为我们讲述他们是如何在浪潮中抓住机遇，获得了如今的成就的。这就是幸存者偏差，因为能出现在镜头前讲述自己成功经验的人远少于那些失败者，他们可能只占总人数的百万分之一。你只看到马云创建了阿里巴巴，却看不到成千上万的人创业失败，不理解做出选择要付出怎样的代价。如果我们不为即将做出的决定进行正确评估，那么我们很有可能会因为准备不足而被打击得站不起来，这是对自己的不负责任，所以剔除无关有害信息是至关重要的。

人们看到的“事实（趋势）”和“正确信息”之间不会是一条透明的道路，大多数人会先通过媒体听到一些无关的线索（而这经常是有害的、有误导性的），就此展开思考，然后走向真相的另一面，成为从众者中的一员。

跨过前两层障碍，直接抽离出正确信息很困难，因为人的眼睛和大脑都是直觉性器官。在美国培训与发展协会倡导的培训工作中，有一项重要的议题就是提醒人们警惕“直觉思维”对判断力的负面影响。人的直觉很容易注意到与核心要素无关的旁枝信息，防备的技巧是，谨慎对待许多人都在谈论的东西。越多人倾向于做出判断，你就越要小心分析。

你最瞧不上的简单问题，才是最致命的

假如萧亮的思考继续深入，那他和妻子也许要吵上一架。但事实上有 99% 的概率是两人恩爱如昔，厕所的思考就像没有出现过一样，吵架也不会发生。还有 1% 的概率是萧亮闷闷不乐了两日，在不明所以的妻子一声怒喝下阴云消散，精神抖擞地重新投入工作。

总结本节的主旨：第一，如何思考幸福感？幸福感是一个简单的问题，人们很少在百忙之中认真地去审视这三个字。在人的思维体系中，浮在第一层的几乎全是与功利有关的东西：吃、穿、住、行、收入、健康、人脉质量等。大脑误以为这些因素的相加之和就是幸福感，结果人们奋斗了几年，等实实在在地拥有了这些东西时，却感觉不到自己是幸福的。是作为思考者的人太悲观了，还是思考本身出了问题呢？都不是，是人们为“幸福感”这个目标添加的必要条件太多了，它们逐渐喧宾夺主，悄然替代了你的人生目标，成为你每天的追求。因此，在判断和评估一个问题之前，要先把和它有关的条件、线索、信息全部打破，把你最核心的目的抽出来，以防止思维的混乱与迟钝。

第二，如何集中精力做正确的事？投资者相信市场在变好，在危险的边缘蠢蠢欲动，这是浅思考模式对他们玩的小把戏。和生活中的奋斗者一样，股民也总是不能“集中精力去做正确的事”，这是一个世纪难题，全球顶尖的投资者也常会犯这种错误。我的建议是，在做出任何决

定之前先思考一下这个行动的“背面”——不这么做，我将损失什么呢？如果你对自己将要损失掉的东西并不明确，那么这个决策就是错误的，并且促使你做出决策的因素一定存在问题。

03 回归，让“纯粹”的思考聚焦“原始目的”

| 爱因斯坦说：“每当我的头脑没有问题思考时，我就喜欢将已经知道的定理重新验证一番。这样做并没有什么目的，只是让自己有个机会充分享受一下专心思考的快乐。” |

用正确的姿态持续思考

美国作家海明威说：“任何初稿都丑陋不堪。”这句话从文学创作的角度阐释了“持续思考”的重要性。海明威的作品以朴实、轻松和直观著称，他善于运用简单纯粹的语言表达最复杂的内容，他是语言组织技巧的集大成者。在写作中，海明威总是努力避免繁杂的背景交代，不使用或少添加修饰成分，只用基本词汇和简短的句式便能表达出最丰富的内容，保证了自己的灵感和意图的聚焦。

我认为正确的思考姿态有三点：不偏离思考的主要目标（目的纯粹）；长久、深入和重复的练习（持续思考）；规避复杂和表层的无关现象（直达本质）。

用大白话来说，就是不要绕圈子，不要耽误时间，才能保证人们对一个问题进行持续而专注的思考，使思考更有深度。现实中很少有人能一眼看透事物的表象，揭示其本质，人们也不能指望自己一定是天才，可以在谈笑间就解开种种难题。深度思考需要长久、深入和重复的练习，并不断提升思考的深度，掌握返璞归真的技巧。

在大多数情况下，人们因信息不足，或者思维方式有误，或者以上思考姿态三者缺一，而不能像海明威那样信手拈来。但是，即便最笨的人也能做到“持续思考”，无非是多花一点时间。保持好思考的姿势，你就能控制思考的方向，不偏离自己的主要目标。

收集和展开你的“暗时间”

“暗时间”是什么？就是不能产生直接成果的思考时间，它们是零碎的、断续的、短暂的、隐藏的，却是不可舍弃的，因为它们对最终的成果起着推波助澜的作用。比如等电梯、步行去地铁站、去卫生间、喝茶、候机，这些都是暗时间，需要大加利用，认真开发。可以将这些碎片时间收集起来，为它们做一个计划："我该如何把它们串联起来，持续地思考一个问题？"

利用这些被忽视的时间展开重要的思考，调整、反思自己的不妥、错误和欠缺之处，相当于获得了一部思维加速器。每个人每天都只有24小时，如果充分利用"暗时间"，你用来有效思考的时间就会比别人长很多。利用这些时间专注思考怎样在自己的学习和工作中提高效率，既能有利于工作，也能专心享受思考的快乐。

抽离无关信息，回归原始目的

在物理学史上，爱因斯坦的成就是一座无法超越的高峰，他有着天才的大脑，也有至今仍然不断被天文学家证实的理论。为什么爱因斯坦能提出相对论，别的物理学家即便研究条件比他更好却仍不能迈进那座殿堂？是他的天赋为上帝所赐，还是他比别人善用天赋？听听他自己的见解："每当我的头脑没有问题思考时，我就喜欢将已经知道的定理重新验证一番。这样做并没有什么目的，只是让自己有个机会充分享受一下专心思考的快乐。"

抽离无关信息，专心思考。这条伟大科学家信奉的简单朴素的真理，也是推动人的思维成长最有力的法则。放空是为了积蓄力量，打破是为了寻找核心，回归则是为了重新聚焦于纯粹的目标，把无关信息清理出去，然后集中力量，突破障碍，获得思想的升华。始终不要忘记自己最初的目的，思考方能厚积薄发。

第四章

深度思考养成第三步：辨别

01 割裂，去除“理所当然”，拥抱理性

| 越是理所当然的事情，越需要我们认真思考，找到事件的成因。 |

“理所当然”的深井

美国南卡罗来纳州的一位妇女芭芭拉，今年 27 岁，没有工作，在家教育孩子。她告别了职场，把全部精力都放在了家庭上，但有一个问题让她想不明白：是她太优秀了，还是丈夫太爱她了？她对每天都需要小心翼翼地照顾家庭这件事渐渐感到不满，心中滋生出鄙视的情绪。除此之外，他们近期的经济状况无比糟糕，已经落魄到了需要典卖家具度日的程度。而住在马路对面别墅里的公婆，似乎从未考虑帮助一下他们。作为亲人，互相帮助难道不是应该的吗？更让她气愤的是，公婆连一个问候的电话也没打过。

芭芭拉对闺密说："这个时候，我选择离婚不是理所当然的事情吗？"

芭芭拉的丈夫，31 岁的约翰 · 莫尔菲尔德同样也有自己的烦恼。他是一名建筑师，曾经在西雅图一家著名的设计事务所工作，有着丰厚的薪资。可随着行业在全球市场的低迷，用人单位纷纷裁员，他已经连续失业两次，有 15 个月没有收入了。一个没有收入的落魄男人，回家面对妻子的日常状态是什么呢？至少莫尔菲尔德没有变成一个暴脾气的酒鬼，他的决定是对她更好、忍耐和等待机会。

即使最亲密的关系，也会有因为判断失误而失去理性的时刻。事实上这种事情经常发生，人们觉得有些问题顺理成章，或者理所当然，从不质疑它的正确性。比如，莫尔菲尔德的家庭陷入困顿，父母从不伸出援手。他赚不回钱，又欠缺男子气概，如果此时妻子选择离婚，在人们和他自己眼中这便是"理所当然"的行为。可是，"理所当然"这个词不知道"害"了多少人，浪费了人们多少时间、金钱和资源。因此，辨别的第一步就是，推翻"理所当然"这个词在思考中存在的意义。

思考“成因”

越是理所当然的事情，就越需要认真地思考，找到事件的成因。“理所当然”的想法会让人在思考中犯下这些错误：男人在外赚钱，女人做好家务、照顾好孩子，家庭就能幸福；公司福利好、薪资高，员工就得无条件地加班，且不能抱怨；放假时就必须出去玩，不能宅在家里；因为孩子会为父母养老，所以父母出钱给孩子买房也是应该的。

如上，成为普遍现象的错误认知还有很多。人们从不主动辨别这些观点，常潜移默化地接受，进而直接带着这些观点去思考和行动。就像芭芭拉对没完没了照顾家庭的不满和鄙视，对公婆不闻不问他们艰难生活的愤怒，她的脑海中形成了一种错误的认知。她觉得丈夫无能，公婆为富不仁。她没有认真思考这背后的原因，也对丈夫的苦衷毫不理解。人们对上司、同事和朋友产生误解时，也是同样的心境，难以将眼前看到的事物和内心的情绪割裂开来，进行客观的思考。

道格拉斯·梅里尔是谷歌（Google）公司的前首席信息官，他曾与人合著《Google 工作整理术》一书。他在书中详细描述了“暑假”这一事物给他带来的种种困扰，并在采访时说：“漫长的假期与时代的需求格格不入，可人们却觉得这是理所当然的，这对我们解放创造力造成了阻碍。”他认为，人们觉得理所当然的东西让生活变得更加糟糕了。实际上，这种“理所当然”的感觉不过是大家的一种习惯而已。例如在美国，暑假是工业革命前的产物，学生拥有这么长时间的假期是要回家协助父母到农场干活儿的。但工业革命后，农场与农田的工作基本由机械完成，年轻人早就被解放出来了，应将这些时间用在学习或大脑的锻炼项目上，所以暑假是不需要的。可这一工业革命前的产物，却并没有随着时代的进步而消失，仍然成为人们头脑中根深蒂固的观念。

再例如，传统的工厂——20 年前的制造业——要求员工按时到岗，因为在一条生产线上必须所有的员工都就位才能开工，任何一个环节的人员缺岗，整条生产线都无法运转。但经过信息化、智能化改造的新型公司，在技术上已经不需要这么做了。如今电话、视频办公、智能分享等沟通方式的普及，让异地办公成为可能。人与人之间的沟通跨越了地理的限制，沟通无处不在，无时不在。这时，公司再要求员工（包含符合弹性工作制的人员）准时到达公司的意义又是什么呢，管理者是否思考过这个问题？

为什么管理者要求员工按时上下班？这是因为观念使然。梅里尔把管理者硬性要求员工朝九晚五在公司坐班的行为形容为“权力观念”。他说：“我们是高高在上的上司，所以觉得支配下属是理所应当的。管理者既是新观念的开创者，也是旧观念的承袭者。观念本身就是成本，改变观念会让公司持续付出金钱的代价。因此，保守的人不在意这种观念背后的成因，也从不考虑修改它。”他在自己的一本畅销书中分享了风靡谷歌的信息整理术，呼吁公司的管理者学习如何整理信息，改变自己的观念。

每当思考这些不合时宜的事项时，我给读者的建议便是：留意脑海中沉积已久的习惯，费点心思想想它们是否还跟得上现在的需要。不要吝惜观念成本。如果不改变观念，将来可能会有更大的损失。

去除错误认知就这么难吗？这是因为有行动成本。站在芭芭拉的立场上，如果谴责丈夫是对自己的维护，那迎合丈夫则是对现实的放任。丈夫为何选择迁就她？公婆为何许久没打问候电话了？自己的认知正确吗？她放不下自尊来深入了解事情背后的原因。错误认知的行动成本，使人们习惯性地沿着自己的认知模式走到底，对事物的思考也会错到底。

好消息是，莫尔菲尔德决定像设计房子一样重新设计自己的未来，他改变了自己以往在这个行业形成的习惯，思考起了新的工作方式。他觉得建筑师不一定要坐在舒适的空调办公室里，于是他坐在马路边，身旁是一辆自制的推车（造价 100 美元），车上面写着“5 美分建筑设计”的标语，路人都以为莫尔菲尔德是慈善组织的工作人员，于是有人好奇地问他是不是比尔·盖茨或卡耐基基金会的成员。他摇摇头说：“不是，我是专业建筑设计师，回答关于建筑设计的任何问题，每次仅收取 5 美分。”他对过来询问的每个人都报以微笑，和他们握手，并友好地交谈，回答完问题后，便指一指推车上的零钱罐。

他的这一做法受到了行业其他建筑师的批评，建筑师的身价竟然低到可怜的 5 美分了？同行的愤懑之情溢于言表，他们是“理所当然派”，不肯屈尊下就，不肯改变以往的清高作风。有人发邮件、打电话骂他，让他滚出建筑设计行业，也有人发推特对他的所作所为表示悲哀。但莫尔菲尔德不为所动，他已经想开了，他说："当你不知道将来想做什么，又没有其他选择时，你就别无选择。你需要好好审视那些影响你十几年的观念对解决当下的问题是否有效。解决现在的问题，才是理性的态度。"

在他改变工作方式后不久，经济状况便得到了改善。他用"5 美分摊位"的方式和潜在客户沟通，获得了大量的粉丝，很快就有人邀请他设计住宅和办公楼等项目。当莫尔菲尔德的家庭财务好转后，芭芭拉惊讶地发现，自己对丈夫和公婆的不满情绪也消失无踪。我想告诉她：人总是理所当然地认为自己的收获是应得的，自己的烦恼是别人造成的。不过，芭芭拉正忙着庆祝，她还没到反思自己的时候。

02 识别，确认问题的本质是什么

丨如果不能识别问题的本质，则所有的努力都会像三流股市投机者的结局一样悲惨。丨

思维喜欢做什么

据说，现在厕所成为人们思考人生和哲学的“圣地”，这意味着人们的生活充满了干扰性信息，只有躲进厕所才能让大脑得到片刻的宁静。此外，人类的思维还极度迷恋因果关系，遵循“有因必有果”的逻辑。人们看到一件事情，必然想知道其产生的原因，这时思维便会本能地跟着线索走，并在错误信息的引导下，距离问题的本质越来越远，直到无路可走。

莫尔菲尔德的前同事塔莎，13 个月前从设计公司失业后不久，便

和在工作中结识的房地产开发商埃斯特里拉，在洛杉矶开了一家售卖冰激凌、三明治的小店，店里的冰激凌、三明治都是塔莎自制的。她给自己的小店起名为库哈斯（Koolhaas，著名建筑师），店里的商品也都用建筑师的名字命名。比如，草莓冰激凌曲奇的名字是弗兰克·盖里，香草巧克力豆曲奇的名字是密斯·凡德罗。建筑和美食在这家小店完成了美妙的融合。

塔莎看待失业的态度和莫尔菲尔德相同，他们都能绕开其中的信息陷阱。失业制造了问题，但问题下面也埋藏着无限机遇，只是大部分人的思考都停在了失业所制造的问题上。“就业和收入”是一个假问题，真正的问题是她的事业观。但前者使她痛苦了许久，将她困在一种想不开的状态。有的失业者在苦苦地寻求生存，有的失业者则借此机会发现了自己更好的才能。决定这种区别的，是人识别能力的高低。人们不仅要识别成功的含金量，更要识别造成失败的问题的真假。

2008 年，塔莎在加利福尼亚大学帮自己的导师做建筑学课题时，就有将美食与建筑相融合的想法。如今，失业使她的这一想法得以实现。刚被公司宣布裁员时，塔莎很伤心，而且在经历了十几天的彷徨和绝望后，还差点因收入下降引发家庭矛盾。她在设计公司三分之二的收入需要供应弟弟、妹妹的学费和父母的生活费。假设她是芭芭拉那样的女性，眼中看到的全是“坏消息”，脑中的想法是“事情太坏了”，那她思考的目标便不再是“如何解决问题”，而是“如何逃离这个环境”。她可能会离家出走、与亲人反目，然后疯狂地向其他设计公司投递简历。幸运的是她不是芭芭拉。

2018 年 3 月，塔莎和埃斯特里拉开着冰激凌车出现在了科切拉山谷的音乐艺术节上，为观众和游客提供餐饮服务。他们的启动资金很少，改装汽车、购买材料和设备总共只花了 1 万美元。一年后，塔莎的库哈斯已开始向加利福尼亚州的食品超市进军。

拥有强大的辨别思维能力，就是可以将信息进行排序和规律化，发现这些信息背后真正的问题，降低解决问题的时间消耗和认知成本，减少不利影响，高效达成目标。

强大的辨别思维能力包含：第一，掌握尽可能多的事实；第二，掌握相关领域的基本知识；第三，熟悉各种思维逻辑。这三点总结，就是为思考建立的“清晰的概念”。一个人想要同时具备这三点其实很难。对于第一点，人们对已经存在的事实很少进行理性的推敲和甄别，人云亦云；对于第二点，人们缺乏专业的基础知识，无法分清信息的对错；对于第三点，人们缺乏思维逻辑训练，思维逻辑存在巨大的漏洞。

不要急着解决问题，应该先识别自己“到底要做什么”。人们关心成长，不关心方向，就连成功公司的领导有时也不能避免。我在美国拜访了一些企业的首席执行官，其中联合饲料公司的总裁说：“为什么我们公司的成长夹角只有几度，中国公司的成长夹角却超过了 90 度？”中国公司成长迅速，而自己国家的公司却成长缓慢。这在美国公司看来是一个急需解决的问题。该怎么回复他呢？如果我告诉他中国公司只是运气好，似乎有羞辱对方的嫌疑，因为对手仅凭好运气就能比你快；如果说实话，他未必能听进去。在识别自己真正目标的问题时，人们都心知肚明，但佯作不知。可是，要想得明白、做得明白，就得先离开问题，转而面对自己的内心。

只有辨认和去除干扰信息，才能进行清晰的思考。我曾发过一条朋友圈动态：雨终于停了，我一边吃药一边看新闻，考虑明天会议的主题。在收到的评论中，有的人关注到我在吃药，问我是不是病了；有的人关注到我在看新闻，问我看的什么新闻；有的人关注到我明天有一个重要会议，问我开会的内容；还有的人关注到天气变好了，给我点了一个赞，并约我出去打球。但哪一项信息是我最想表达的呢？他们并不明白。如果分开讲述这句话，人们便不会有这个烦恼。所以识别干扰信息的原则是：抽离出问题后，尽量减少无关信息。无关信息和干扰因素越少，方向就越明确。无关信息的影响及副作用极大，它不仅增加了思考的干扰项，还降低了思维的有效性。因此辨别和去除它，也是思考中重要的一步。

像精明的“贸易商”一样思考

所有的商业问题，都是“供求决定一切”。在思考商业的本质时，要注意识别哪些是次要信息（次要影响），哪些是核心信息（主要影响）。美国联合饲料公司的总裁认为是中国公司的竞争导致了自己公司的衰落，这就是误解了商业竞争本质的表现。

在谈论投资市场时，我喜欢把自己当成一个贸易商，贸易思维比投资思维更接近市场的本质。在购买产品时，我必须对这个产品未来价格的走势有良好的判断和准确的把握，毕竟谁也不想亏钱。我对判断产品的价格走势很感兴趣，就像分析事物的成长前景。但必须学会研究你选中的这个产品上下游的供求关系，根据供求关系判断价格走势，而不是关注市场上有利或不利的新闻和八卦消息。

在商业领域，供求关系决定着价格，价格的趋势又源于供求的动力，市场上的任何变化其本质都是“供求关系”的变化。只要抓住了这个核心，就看透了商业的本质，便能精准地解决商业问题。

例如，2017 年国内的鸡蛋市场剧烈波动，许多养殖户连续亏损半年以上，长时间的亏损导致一大批养殖户被市场淘汰。养鸡的人不断减少，到乡下收鸡蛋的商贩在五六个村子里转悠一天也收不满一车（原来一个村子就能装满一车）。站在价格的角度思考，这个市场已经死了，谁进来谁是傻瓜，和鸡蛋有关的股票都是垃圾股。但站在供求关系角度思考，看到的却是另一个市场：鸡蛋供不应求的局面将要开始了。后来发生的事情投资者都清楚——鸡蛋的价格止住跌势，转而飞速上涨。

当需要搜集一定的信息来识别问题、做出决策时，如果有成熟的逻辑框架，就可以让信息通过逻辑框架进行识别，以降低决策错误的概率，提高自己的信息接收率和表达率。没有成熟的逻辑框架，会增加辨识成本，导致思维漫无边际地发散，离本质越来越远。为什么我主张思考时一定要像贸易商？因为成功的贸易商是这个世界上最懂得抓住事物核心的人。抓住了事物的核心要素，就抓住了正确的方向。

寻找“确定性”的本质

我时常提到一个词——确定性。在第二章介绍信息的定义时已经提到：“不是一个确定的 YES，就是一个完全的 NO。”这是告诉读者在分析问题时不要模棱两可，一定要 100% 地精确。什么是确定性？就是对问题的本质进行精确定义并指导你的思想和接下来的决策和行动，这样的思考才叫作深度思考，也叫有效思考，否则只是碰运气的“瞎想”而已。

就像炒菜，萧亮昨晚炒的猪肝色香味俱全，为什么妻子依然暴怒，让他跪搓衣板？这是因为他放多了盐，违背了妻子“炒淡一点”的指示。

“炒淡一点”才是这盘菜的核心目标与本质，“色香味俱全”只是锦上添花。前者错了，后者非但一文不值，还加重了萧亮的“罪恶”，他违反“领导”的指示故意炫耀自己的厨技，那就只能向搓衣板兜售自己的炒菜经验了。

所以，抓住问题的本质是识别的第一要义。抓住一个事物的核心本质，就是抓住了“确定性”，获得了一个确定的 YES，这样，前面已经做完的事情和后面即将做的事情才有价值。如果不能识别问题的本质，则所有的努力都会像三流股市投机者的结局一样悲惨。这是因为，他们大多数时候思考的是一个假命题，就像萧亮跪搓衣板之前在厨房上蹿下跳大展身手时的志得意满一样。

03 论证，用对比的方式展开分析

| 对比，是最能帮助人们发现问题的思考方式和论证手段。 |

假如你和朋友都非常赞同一个观点，你们异口同声，讨论得十分激烈，你也确信自己的表述会获得朋友的赞同。但你们观点一致这事是否太过巧合？第一种可能，你们确实心有灵犀，观点一致；第二种可能，事情并没有这么巧合，你的观点（包括你朋友的观点）都是从别人那里听来的，你相信了它，并把对方灌输的观点当作了自己的思想，没有进行过对比论证；还有第三种可能，即这是你通过独立思考得出的观点，恰巧与大众的主流观点一模一样。最后这种可能出现的概率不亚于一只猴子能自己钻研出电脑操作系统的代码。

人的思维分为经验思维和理论思维。上面讲的例子是经验思维和理论思维的中间地带——经验和理论共同发挥了作用，但又放任自流，不负责任。于是，大脑不清楚这是经验提供的结果，还是理论创造的产出。有时你觉得自己的某个观点是从别人那里得来的，有时又觉得是经过了自己深刻思考的自创观点。经验可以通过学习获取，理论可以通过实践获取，但如果没有不同观点的对比，没有相反信息的对照，实践和学习对思考的功效也就起不到积极的作用。

思维中的哪些功能是可以训练的呢？外国友人说了几句英语，你没有吸收到多少信息，但又不好意思让对方再复述一次。这意味着你思维迟缓，反应速度过慢，造成了信息吸收的低效。不过不用担心，因为这是可以训练的，除非你是英语白痴，否则总能通过练习加强对英语的吸收和反应能力。你可以在训练中储备足够的反应模板，减少加工同样信息所需的时间，重复的次数越多，清晰地获得对方信息的能力就越强，反应速度也就越快。大脑的这部分功能是通过一个程序性过程实现的，完全可以通过优化程序来提高。但是对事物观点的判断、分析能力，是很难通过训练获得改善的——尤其是还借助了经过别人包装的经验。

对比论证，不妨推向极限

古代制作地图的工匠会故意画错一个无关紧要的地方。如果你制作地图时的错误跟他的一样，说明地图不是你独立制作的。工匠很聪明，他深知人们依样画葫芦的心理。对比，是最能帮助人们发现问题的思考方式和论证手段。

萧亮的书房挂有一幅字："每个人都认为自己具有独特的品位，别人的都是大众品位。"虽然字写得不堪入目，但传达的意思让萧亮觉得很多人都是自恋的，不喜欢被比较，喜欢被肯定。

关于"美丽"的标准，真的是"你自己"认为的那样吗？你可以把脑海中关于美丽的标准写在一张纸上，然后用 10 分钟的时间想一想，这些标准中哪些是你独特的审美，哪些只不过是社会的认同。我再把这个问题推向极限：如果全世界只剩下一个男人和一个女人，女人会怎么打扮自己？你又会如何要求女人呢？还会是现在的标准吗？

一旦把问题其中一面（某些观点）的分析推至极限，再去论证这个观点背后的逻辑，很多"真实的谎言"便不攻自破了。回顾整个人类历史，女性的审美为迎合同时代男性的审美，而在不断地变化着。今天男性对女性的要求，也恰恰是社会的要求，是人们互相跟从的结果。每个时代都是这样，这不是巧合，而是人的个性思维融入社会思维的体现。换言之，社会层面的审美标准是所有人浅思考的总和。

流行往往萌发于人群的无意识跟从，独立思考来自人和人的有意识对比。因此，独立思考者和人群是有距离的，数量也是成反比的。人群的基数可以很庞大，但独立思考者不会随之增多。而成为独立思考者的前提是我们必须做到与别人进行有意识的对比，不是别人告诉我们应该相信什么我们就相信，而是我们对比之后才选择相不相信。要善于用“推向极限”的方式去对比分析问题，然后用放大镜审视、寻找其中是否存在漏洞。

第一，将相关条件设置到最大值，看看会发生什么。比如你对男人和女人的审美标准是基于样本的无限（社会思维），还是样本的唯一（独立思考）？只要修改条件就能推导出来。在极限条件中不成立的观点，在通常条件下也不能成立。

第二，假设一个对立的B结论，看看能否与A结论的条件相符。比如你认为明天股市会反弹，并列出了几十条论据，如果别人做出的“明天股市会继续下跌”的结论中有一半的论据与你的论据有交集，那你的结论就是“不确定”的，便可以视为一个完全的NO。

没有实际调查，不要妄下结论

我见过不少教条主义的企业管理者，有的制度至上，丝毫不考虑弹性；有的听风就是雨，从不了解一下其他渠道的信息便急于决策；有的只迷信最后的数据，却对数据的来源不加审核。没有调查就没有发言权，离开调查和不同资料的对比，就会产生严重脱离实际的思考和决策。

所以，很多教条主义的企业管理者都是唯心的。和这些人交流时，我都会礼貌地表述我一贯的主张：读书时要结合“有字之书”和“无字之书”，决策时要结合“思考结果”与“调查结果”。既要善于思考和分析，又要跳出思考，用实际调查进行对比论证，也就是常说的“理论联系实际”。不过，他们对这个主张的反应大都是谦虚地点头称是，然后冷漠地置之不理。还有小部分的人想要反驳这个主张，我只好借故走开。

第一，从对立的角度思考和理解事物。比如读书，要把书中写到的观点、人物、事件摘出来，把某些观点、人物、事件与其对立面联系起来，进行对比式的思考和理解。通俗地说就是“不要听一家之言”。

第二，结合实际应用，联系现实进行分析。实际的应用即“调查数据”和“现实反馈”。这一原则的具体要求是，跳出单一的、书面的思考和决策，与现实结合，进行论证分析。不仅要有自己的看法，还要有所行动，把思考运用于现实中，通过和现实执行结果的对比，修正思考的不足。在本书的第七章（反馈），我会详细介绍如何执行这一步骤。

04 坚定，不要偏离最初的目标

| 要掌握“有始有终的技能”，为了实现目标，握好方向盘，小心翼翼地识别路线，沿着主干道前进。|

为什么“聪明人”死在了门外

2018 年，日本关西地区发生地震，有位钢铁公司的经理为了躲避地震，和行人一起钻进了一栋大厦地下的庇护所。庇护所挤满了人，氧气稀薄，呼吸困难，但大家都耐心地待在里面，谁也不敢乱动。第二次震动过后，这位经理忽然觉得躲在地下实在太不安全了，应该转移到外面的空旷地区，随后他劝说其他人和自己一起出去。人们说：“小心不为过。”他嘲讽道：“等庇护所塌了，你们连跑的机会都没有了。”于是，他在大厦门口探头观望一阵后便跑了出去。街上警报乱鸣却空无一人，他刚要过马路，就被大厦掉落的一块玻璃砸中，不幸身亡。

这个故事被一位日本记者记录下来，发表在了当地的社区论坛上，引发了人们的讨论。坚持待在室内的“笨蛋”毫发无伤，想出去换个地方的“聪明人”一出门就倒下了，死在了宽阔的马路旁。思维活跃是优点，聪明也不是缺点，但在特定的时刻，达到目的靠的不是聪明，而是看似愚笨的坚持。躲避地震的危险是这样，提高工作能力乃至经营家庭也是如此。所以要时刻记住你最初的目标，坚定思路，不要偏移，你会比聪明人更快地获得成果。

这些年我总结出一个经验：别把时间用在跟错误对象的辩论上。当教条主义的企业家试图用他们的真理打倒我时（他们擅长辩论，沉醉于口舌之争，不会放过任何一个演讲的机会），我选择低头认输，快点溜走，否则就会成为他们倾倒“垃圾”的仓库。如果你不懂得辨别哪些声音是有益的，哪些观点是在浪费时间，你的思考就可能在别人有意无意的引导下脱离正轨。你会觉得自己错了，想学习其他人做些改变。你变得容易放弃已被证明正确的思路，成为一个不够坚定的人。也许到最后才发现，你的想法和处境已经不由自己掌控了。

人们都有自己最初的目标，且有着形形色色的差异，但不是“成为聪明人”或“变成笨蛋”这种区别。要掌握“有始有终的技能”，为了实现目标，握好方向盘，小心翼翼地识别路线，沿着主干道前进。

第一，锁定航向，需要一个功能正常的“罗盘”。“罗盘”是大脑中的思维指挥官，是人们进行步骤性思考与方向控制的中心枢纽。它的功能体现在三个方面：一、坚持主见的能力；二、分析他人建议是否合理的能力；三、阶段性调整思考的能力。其中第三条最为重要。在经过长期深入思考而疲惫之后，我们在面对信息和条件的变化时，最容易犯的错误就是，不知道目前的想法和行动是否依然符合预期，所以常常不知不觉地偏离了方向。要让大脑的“罗盘”正常工作，就要锻炼这三个方面的能力，缺一不可。

第二，当航向不得不改变时，要有强烈的“动机”。我在美国创业的时候，经常感觉人们无法握紧自己的“罗盘”，甚至常被它左右。无法坚定地贯彻自己的思路，是因为大环境发生了改变（这个改变是根本性的，不容抗拒）。大环境的改变是让人们放弃原有目标的主要因素，你不得不另寻出路。在必须改变航向时，需要类似的强烈“动机”——把外力转化为内力，驱动自己设计新的路径。我反对的是像那家钢铁公司的经理那样自以为聪明地放弃一个安全的方案，而把自己置于不利的境地。

把想法贯彻一年，再思考“对不对”

前面提到的西雅图建筑设计师莫尔菲尔德是一个意志坚定的人。他怀着“赚到足够收入的同时，又不放弃自己专业”的目标，采取了创新的工作方式。他没有吃着盒饭卧在沙发上抱怨，或酗酒度日，而是重整旗鼓，把“办公室”摆到了马路上。在这种别开生面的工作方式的帮助下，不到一年，他便接到了很多邀请，比如请他设计别墅、平顶房屋、卧室或私家花园等。他还没来得及思考自己的做法“对不对”，财富便滚滚而来。

在第一年的 8 个月中，莫尔菲尔德赚了 7.5 万美元，不但还清了失业后所欠的贷款，还为芭芭拉买了一条项链。在设计所工作时，他从未得到过这么高的报酬，这是他人生首次体会到思考的价值。他为自己打开了一个充满魔力的盒子——他的大脑。他希望未来可以做得更好。他说：“只要坚持，情况就能朝你预想的方向发展。我现在忙得吓人，有一个礼拜没照镜子了，但是我热爱这个工作的每一分钟。即使现在有人许诺我一年 10 万美元的年薪，让我回到设计所坐到电脑前工作，我也不会接受的。”唯一的遗憾是，虽然芭芭拉不再怨天尤人，但关于工作的问题他们仍然聊不到一块儿去。芭芭拉每日幻想着丈夫可以重回高级写字楼，莫尔菲尔德却很坚定地要把目前的思路发扬光大。

05 掌控，从问题中挖掘机遇

| 人生成果的取得是靠拼命“挖掘机遇”，还是靠努力“解决问题”呢？其实都不是，最关键的是对问题和机遇的理解，这决定了人们能否在思考这件事情时掌握主动权。 |

20 世纪 80 年代有一个姓王的人，他当时在读大学。一天晚上他不小心碰倒了热水瓶，瓶胆摔得粉碎。第二天，他跑了许多商店想买一个瓶胆换上，结果都被拒绝了。理由是：热水瓶是整卖的，不单卖瓶胆。

他一气之下，回到宿舍想写信给校长反映。在构思信的内容时，他突然想到：“既然学校和附近的商店都不卖热水瓶瓶胆，我为何不做这个生意呢？这是学生普遍遇到的麻烦，不知有多少同学因为打烂了瓶胆而只能买个全新的热水瓶，这太不划算了，这可能是一个大市场。”从中看到商机的小王说干就干。次日，他跑到批发市场进了 30 个瓶胆，在学校的食堂门口支了一个摊，不到一小时就被一抢而空。他又去进了60个，很快也卖光了。小王兴奋地加大进货量，还聘请了几个同学帮他去其他学校推销。几个月下来，他赚了1000元。在20世纪80年代，1000元是一大笔钱，那时一个家境优越的学生月均消费也就20～30元。

很快，小王成了校园里小有名气的“企业家”，这要归功于“瓶胆事件”给他带来的启发。在这件事中，小王先看到了问题，然后从中发现了机遇。看到问题时，他是被掌控者；发现机遇时，他成了掌控者。他说：“问题和机遇不是分开存在的，它们是融为一体、不断转换的。问题和机遇在互动，它们在不同的眼睛面前展现出不同的形态。热水瓶瓶胆坏了，有人会把这事当作一次小灾难，不会多想，花钱买个新热水瓶就作罢。幸运的是我多想了一层，问了句为什么，然后我就掌握了主动权。”

人生成果的取得是靠拼命“挖掘机遇”，还是靠努力“解决问题”呢？其实都不是，最关键的是对机遇和问题的理解，这决定了人们能否在思考这件事情时掌握主动权。一般而言，人们在解决问题的过程中最希望的是恢复正常秩序，比如，打坏了热水瓶瓶胆，赶紧换一个新的；失业了，马上找一家新公司去面试；这只股票赔钱了，就买其他股票赚回来；诸如此类。极少有人考虑到另一面：我为何要恢复正常秩序？我能创造一个新秩序吗？思考的掌控力就体现在这个时刻——我们对问题和机遇的“互动理解”，即从事件本身看到的是什么，以及如何调整自己的状态，制订最佳决策。在不同的情境中，事件发出的信息（信号）和你接收到的信息（信号）也不同。我想看到的是，你能摆脱自身的陈旧思维对自己潜能的限制，从问题中挖掘机遇，创造无限的可能性。

第一，人生成果的取得既非来源于“挖掘机遇”，也不是靠“解决问题”，而是来源于人们对问题和机遇的“互动理解”。

第二，在解决问题的过程中，本书所起到的作用仅仅是帮助读者摆脱旧思维对潜在能力的限制，给予读者无限的选择，除此之外做不了其他事情。

第三，能否从问题中挖掘出机遇，关键看你如何理解眼睛看到的事物，是被事物掌控，还是及时地掌控事物。成为掌控者，思考才会有深度。

第五章

深度思考养成第四步：筛选

01　取舍，分开无用的 90% 与高价值的 10%

02　勇气，放弃“二者兼得”的奢望

03　止损，向沉没成本说再见

04　重组，将信息重新组织，赋予其新的意义

05　界限，画线才能赢得思考的自由

06　清除，删掉影响思维运转的杂念

01 取舍，分开无用的 90% 与高价值的 10%

| 取舍的目标就是找出这些高价值知识和信息，它们的占比不会超过 10%，含量少却意义重大，是影响生活和工作的决定性因素。 |

查克的简历

38 岁的理查德·查克住在加利福尼亚州西部海岸的一个小镇，一年前丢掉了技术经理的工作，原因是客户撤销了几个大项目导致公司大裁员。这个年纪失业对男人的打击是灾难性的，他有妻子和三个孩子要养活，还有一栋两层的房子要还贷款。找不到新工作就得去死，查克对此确信无疑，他像疯了一样投递简历，2 个月内发出了近 230 份，申请那些他完全能胜任的工作。他很乐观，因为自己既有能力也有资历。但他投了这么多简历只得到过一次面试机会，他中意的那些优秀公司却没有收到面试通知。

唯一的一次面试失败之后，查克心灰意冷，开始过另一种生活。他把大部分时间都用来照顾孩子，偶尔才申请一次工作，可每次都铩羽而归。他渐渐地不再抱什么希望，认为这辈子就这么过了："我觉得生活就这么结束了，没了收入，眼前是无穷无尽的琐事，但是又必须保持积极向上的态度。上帝帮我们设置了很多门，但你永远不知道什么时候门才能打开，因为上帝没给你门卡。"直到有一天，旧金山的一家公司打电话给他，他才明白问题出在哪里。查克兴冲冲地赶到这家公司的人力资源部，等待面试他的是一个矮胖的秃顶白人——该公司的技术总裁小汤姆（公司创始人的儿子）。小汤姆是一个懂技术、喜爱技术人才的人。

查克很幸运，从高管的嘴里听到了作为高层领导者的真心话："伙计，你不能这么写简历！人事经理不喜欢资历，你要写一些让他们在10秒钟内就能对你感兴趣的东西。比如你会做什么，想做什么。你不要指望人事经理能从你的资历和学历中来发现你的特长，他们没这兴趣，也没这时间，因为还有成千上万份其他的简历等着挑选。"

查克明白了，这一年来自己找不到工作不是他的能力不行，而是他不擅长制作简历包装自己。查克的简历内容丰富，像个万花筒，连7岁时自己发明自动开瓶器的事情也写上了。他的学历十分优秀，从小学到大学，拿下了一张又一张证书；他的资历也十分出色，是资深专业人才。但这恰恰坏了大事，他的简历不够简洁实用，用人单位无法在第一时间对他产生兴趣，也没精力仔细阅读和分辨简历背后的信息。

如何撰写求职简历对本章的主题来说是一个很有代表性的例子，比如简历上信息的取舍、主次的排列这两件事就比学历、资历更能决定求职的结果。一份好简历，需要把高价值信息用最短的篇幅和最精简的语言写出来：一、我擅长什么；二、我为什么擅长；三、我想应聘哪个岗位；四、我对薪水的要求。

最简单的原则是，制作简历时一定要做到“信息取舍得当”，取舍能力的强弱，决定了你是否能掌控信息。有些人的简历在“教育背景”部分大做文章，罗列自己从小学到初中、高中再到大学的每一段学习经历，参加了什么课外活动、组织和获得的大小奖项等，但对工作和特长部分（高价值信息）仅一笔带过，描述极少。我还发现人们喜欢在简历中写“希望”和“锻炼”这种字眼——他们不清楚的是，招聘公司的人事经理最讨厌看到的便是此类信息（代表这个人是来学经验的）。

许多看似有用的信息，其实毫无价值

萧亮参加公司部门会议和审批某些汇报时，总会感到强烈的愤怒，因为下属上交的文件经常让他摸不着头脑。明明三言两语就能讲清的项目，下属却云里雾里地讲了整整 9 页纸，他怀疑自己的下属根本摸不清重点，连一张款项申请单都能写得这么花哨。作为领导，一定得学会提取关键信息，不然下属讲不明白的事情，你都拿捏不准该如何决策。

与其说今天是信息爆炸的时代，不如说信息已经成为一种能自我繁殖、有组织纪律性的新生“生物”。海量的信息时时刻刻扑面而来，微博、公众号、订阅号等自媒体平台，向人类社会散发无数的信息和知识——以人类为载体进行“自生产”，这些信息看起来似乎都很有用，但看完了你会觉得自己什么都没学会。这是因为，少量的高价值信息分布在大量的低价值信息和垃圾信息中，它们跟你来了一场混合双打，逼迫你全盘接收。信息把自己包装得很好，它们真诚而又狡诈，充满活力而且无孔不入，这时你该怎么办？

运用“知识四象限”

“知识四象限”的划分方式可以帮助人们选择对自己有用的高价值知识和信息。在吸收信息之前，筛选是必不可少的工作。面对海量的信息，首先要分辨它们的价值，判断哪些是对自己有用的。

“知识四象限”的分类：一、有价值且对你有用的知识和信息；二、有价值但对你没用的知识和信息；三、没有价值对你也没用的知识和信息；四、没有价值但对你有用的知识和信息。

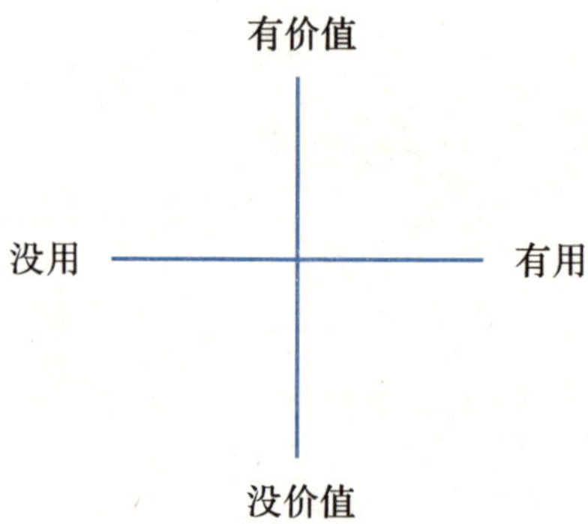

“知识四象限”的运用原则：

第一，把时间、精力优先用于“有价值且对你有用的知识和信息”上。比如思考工作、专业知识、参考资料、行业新闻、政策变化等。取舍的目标就是找出这些高价值知识和信息，它们的占比不会超过 10%，含量少却意义重大，是影响生活和工作的决定性因素。

第二，暂时忽略“有价值但对你没用的知识和信息”。比如你是一名普通程序员，并且没有向音乐界、考古界、物理界进军的野心，就没有必要大费周折地思考这些知识，而应暂时忽略它们，等有需要时再予以关注也不迟。

第三，直接屏蔽“没有价值对你也没用的知识和信息”。比如萧亮的狗什么时候死、娱乐八卦、非洲穷人数量、白宫趣闻等，这类信息可以直接屏蔽。在大部分的重要思考中，它们不必列入参考中，因为它们并不是产生决定力量的因素。即使可能用到它们，也是在休息和消遣之时。

第四，储存“没有价值但对你有用的知识和信息”。例如地铁线路、每日待办事项、生活缴费、周边商场等，它们有时会用到，但并没有什么价值。对于这类知识和信息可以用记录的方式储存下来备用（方便查询），但不需要现在就投入精力。

02 勇气，放弃“二者兼得”的奢望

| 只有舍弃了垃圾信息和无用信息，只摄取有价值并对自己有用的信息，才能掌控自己的思维。 |

人和人最大的差别是“克制力”

有一天，萧亮因为下属写满废话的垃圾报告准备发怒时，他先想象下属敲开了自己办公室的门，俯首帖耳地过来听从教导，而他立刻一脸阴沉地将桌上的报告砸过去。不，最好是将水杯、签字笔或者笔筒等杂物扔得满地都是，吓得外面的员工也全身僵硬，不敢喘一口大气。这么做的好处是，下属马上便明白萧亮是一位惹不起的上司，将来没人敢写一堆无用的东西来敷衍他。

他当然没有这种勇气，他每年在办公室有上百次发怒的冲动却从没

实施过一次，由此他想到了另一个话题：医生、程序员、律师、教师、编辑等职业在人和人之间的差别上有什么不同？是什么因素决定了医生的优秀和差劲、律师的高明和愚蠢这种泾渭分明的结果？结合自己的经历，萧亮得出了一个结论：不同行业的人，诸如教师、医生、律师的天赋是一样的，其差距还没大到优秀和差劲、高明和愚蠢这种泾渭分明的程度，人与人之间真正具有差别的是“克制力”的不同。

下面这段话，萧亮写进了自己的工作日志中：“人们都是从学生时代过来的，能闯过职业考试的人都是优秀的，也是刻苦勤奋的，而且人们工作后依然在学习。但问题是人们面对信息的克制力有所区别，有些人能精简地挑选信息，有些人则来者不拒，什么都想拥有。于是，前者可以术业有专攻，某方面的能力特别强，后者便更多地表现出平庸的特质。”

要有勇气给思考做减法

我不喜欢看大人物的自传，我一直认为花几十元就想买到大人物的经验是天方夜谭。大人物的思想、经验从不写进自传，而是藏在受他影响的人的心中。但苹果公司的联合创始人史蒂夫·乔布斯在自传中说过的一句话我很认同，他说：“我们不要那 1000 个主意！”在顽固的乔布斯的理念中，他要设计的产品不能添加更多功能，要尽可能精简。

比如，当一体机（iMac）上市的时候，苹果公司未为其配置软盘驱动器。尽管当时软盘驱动器已经不是不可或缺的配件，但大多数厂商仍然不想去除它。在电脑设计理念中，没有它显得怪怪的，就像阑尾对人体已经没什么作用了，但造物主还是不想在基因中消灭它，人必须带着阑尾才是个完整的人。苹果公司的设计人员也希望保留软盘驱动器，理由是："我们知道它将被淘汰，但最好不要让我们来做这个刽子手，也许还有相当多的消费者喜欢这个功能。"

乔布斯对这个问题的回答是毫不客气的："你们听好了，我知道你们对可能植入的这些功能有几千个很酷的主意，当然我们也能做到。不过，我们不要这些主意，那种东西太寒碜了。创新不是对一切都说Yes，而是保留它最重要的功能，对其他的一切说No！"

这就是我喜欢乔布斯的原因！当他固执而又勇敢地删掉这些配置后，他的极简主义设计理念帮助苹果公司大获成功，进而走向神坛。这种做法迎合了人们在现代社会中的审美，也符合人类对于未来的正确思考方式。因为在工业时代，人们早就过惯了烦琐、复杂的生活，没人愿意在手机上还要忍受这种痛苦。

人类在生活和工作中都有给自己做加法的习惯，考虑事情总是倾向于采取叠加思维的方式，不想放弃任何东西。不仅赚钱是这样，对待信息也是如此。钱越多越好，房屋里的家具越多越好，产品的功能越多越好，供参考的信息也越多越好。有了一份工作，还想有车子和房子；有了车子和房子，还想有更多的钱；有了更多的钱，还想换掉过去的车子和房子。叠加是主流的思考模式，人们迎合内在的需求，希望满足所有的欲望，不仅想二者兼得，甚至还想三者四者兼得。但是，考虑得越多，就越难实现自己的目标。

社会需求的多样化与物资供应的强大让人们的生活与思考的空间拥挤不堪，看似应有尽有，实则失去了生活本身的意义。

脸书（Facebook）创始人马克·扎克伯格是我喜欢的另一位商业精英。他和乔布斯一样，也是极简主义的信徒。他的房间装修很简单，衣着也很朴素，甚至不管去什么场合，都只穿一双拖鞋，开一辆“很一般”的汽车。他有勇气放弃不需要的东西，这使他有精力钻研重大事项，实现更大的价值跃升。

给信息做减法的好处是，它能让我们对重要问题保持必要的专注，舍弃不相关因素。在抛开那些你并不怎么需要的东西（无关信息）以后，你会发现自己可以将全部的能量都投入最重要的事情上，直到把它做到最好。只有先做减法，才能筛选出核心信息，然后集中地思考与强化主要的环节。

用“断舍离”筛选信息

“断”“舍”“离”是整理信息的三个有效方法。这三个方法除了可以用于整理房间、制订工作计划以外，对知识和信息的整理也有巨大的作用。不能“断”，你便有累赘；不能“舍”，你便有负担；不能“离”，你便不能轻装上阵。不过在此之前，你首先要拥有敢于放弃“二者兼得”思想的勇气，别妄想十全十美，也别为自己留太多备份。有了专注的心态，你才能产生足够强大的勇气。

“断舍离”的具体做法有三点：一、断掉与不良信息的通道；二、舍弃无用信息；三、驱离干扰信息。

面对海量信息，如果让它们全部进入你的世界，将会干扰你的思考和精力，影响决策的效率。比如一个被垃圾报告折磨得头疼的上司，一个读书不知取舍的学生，一个因为想得太多而忧思重重的中年人。不懂得“断舍离”，就一定会陷于浅思考，无法抓住事物的核心要素，也无法快速做出正确的决定。只有舍弃了垃圾信息和无用信息，只摄取有价值并对自己有用的信息，才能掌控自己的思维。

03 止损，向沉没成本说再见

| 过去的不可能更改，不妨全部置于一边，将其从“决策参考因素列表”中抹去，设想自己每一次的选择都是“从零开始”，只做对自己的将来最有利的事。|

沉没成本的定义是：过去已经发生的决策，导致不能由现在或者将来的任何决策改变的付出（成本）。人们做出一个决策，并为这个决策付出了心血。将来在决定是否去做一件事时，不仅会看这件事所带来的好处和坏处，还会参照自己在这件事上付出的成本、产生的投入。这就是沉没成本对人的思考和行为的影响。正如结婚钻戒，它不单单是一枚钻戒，还代表了青春、精力、感情、金钱、关系等其他物质和精神资源。

在经济学和商业决策中，“沉没成本”经常被提到，不可收回的付出往往驱使着人们坚持之前的决策，继续投入资源并维系过去的关系。

萧亮的沉没成本

萧亮的衣柜里有一件灰色外套，买下它是有原因的。那天他在国贸逛了3小时也没找到满意的衣服，却又不甘心白来一趟，便随便买了一件匆匆离开。回去后他穿上衣服去见客户，才发现它根本就不适合自己，客户对这件外套的点评客气而又不失蔑视："看上去很不错，但是不是有点太暗，不符合您的气质呢？"萧亮听了很不爽，但第二天还是穿着它去上班了，因为他觉得这是自己付出3个小时、花了600块钱买的外套，如果穿一次就扔掉，实在浪费。于是，他穿着这件别扭的灰色外套，在公司晃悠了好几天，才心情郁闷地把它深深地压在了柜底。

用经济学家的话说，萧亮在这件事上连续犯了两次同样的错误，他买下这件灰色外套，只因为不想辜负已经浪费的3小时；把它穿在身上好几天，只因为自己不但为它付出了3小时，还花了不少钱。这属于"沉没成本谬误"，是行为决策学的概念。就像维系一段没有感情的婚姻一样，为了婚姻而付出的所有时间、感情和金钱，都会变成维系破碎婚姻的沉没成本。

从人类正常的思维模式来看，人们在判断是否要做一件事情的时候，应该只考虑两个因素：一、这件事将给我带来多少好处；二、我需要为这件事付出多少成本。

“理性人”会根据这两个因素的答案做出决策，但糟糕的是人们很难成为“完全的理性人”，大部分人还是习惯考虑之前对这件事的投入。这些投入不管对错，已经不可能再收回了，所以人们倾向于采用的逻辑是：投入得越多，接着做这件事的态度就越坚决。因此，当经济学家和荐股人在熊市大力鼓吹你继续持有某只股票时，你要想到他们很可能比你套得还多。你要理解他们说谎话不脸红的苦衷。

事实上，萧亮逛了3小时的国贸，他花费掉的时间、精力，还有由此导致的腰酸腿痛、腹中饥饿、两眼昏花等全是既成事实，这些成本“沉没”掉了，无论如何也不可能再收回来。那么，当他决定要不要购买那件灰色外套时，就不应该再考虑这些因素，而仅仅需要分析外套的品质能否给他带来应有的收获——客户的满意度、价值与价格的匹配度、自身的穿衣体验等。

也就是说，在做出一个至关重要的决策时，不仅需要筛选当前信息，还应筛选过去产生的信息，将有可能产生负面影响的信息隔绝在大脑之外，仅需比较“下一步行为”需要付出的成本和未来的收益，把过去的付出（成本）视为一种“确定的数值”，以免它影响后面的思考。但不得不承认的是，大多数人无法成为“完全的理性人”，充其量只能做到“亚理性”，所以萧亮的灰色外套还有被穿出来的机会。

为什么舍不得“沉没成本”

人们为什么舍不得“沉没成本”？用“认知一致”的心理学理论来说，这是因为人有一种“天然维护自己”的倾向——人们对行为对象的认知（包括观念、态度、价值、评价等）和实际采取的行动之间总是需要保持一致，不然就会不舒服。通常，人们先是大脑形成认知判断，其次做出决定，最后采取行动。所以，多数人总是在做“自己认为正确”的事情，一旦做出一个决策，不到万不得已便不想轻易推翻（否定自我）。比如抽了20年烟的人明知吸烟有害健康，身体也开始出问题，但也难以戒烟；李小姐明知产品经理是个渣男也不会轻易分手，因为他们已经结婚生子。

人的认知决定着行动，行动又会反过来影响认知，已经采取的行动和付出的成本对人的影响是巨大的，左右着人们看待事物的立场。比如，萧亮向同事李小姐揭发隔壁公司产品经理干过的坏事和他不值得依靠的证据时，不仅挨了李小姐一个耳光，还遭到了训斥。李小姐一边怒骂萧亮多管闲事，一边为她的选择辩护，她想告诉萧亮产品经理是一个多好的男人，以证明她选择的正确。这和萧亮对待衣服的态度是一样的，每次在衣柜中看到那件灰色外套时，他除了对颜色稍有不满，之后想到的全是优点：这件外套也不是很差，至少显得我很成熟，客户的眼光实在太差了！

特别像萧亮这种自尊心很强的人，他难以正视自己的所作所为。就算现实每天给他 100 个耳光，他还是会寻找各种说服自己和别人的理由。对这件外套，他不惜代价地挽回“沉没成本”的决心就像钢铁一样坚定。这甚至影响了他之后的审美——购买了更多颜色的衣服来搭配这件灰色外套。他不愿意承认自己花了冤枉钱，还白白浪费了 3 小时的宝贵时间。他和许多人一样，选择追加投资，以期追回沉没成本。没办法，萧亮很擅长维护自己，从不肯轻易承认他是傻瓜，虽然有人一直认为他是。

不要把希望寄托在未来“可能”的转机上

要想防止沉没成本，我的第一个建议是：不要对“不确定的希望”抱有幻想。邻居赵先生来做客，见我的客厅摆了一架钢琴，他称赞了一番，又和我讨论起了教育问题，决定自己也买一架摆在客厅里，让他的孩子练琴。有句俗话说：“马都买了，还舍不得马鞍吗？”于是，他又花钱请名师上门辅导，投入不菲，可他的孩子就是不喜欢弹钢琴。这架钢琴成了沉没成本，但赵先生并不死心，他经常命令孩子在周末、假期拿出时间加强训练，以期会有收获。他寄希望于将来的某一天，孩子能爱上弹琴，并被挖掘出音乐天赋。不过，这种可能性微乎其微。

赵先生只记得买钢琴和请老师花了很多钱，却没注意到他正在浪费孩子的时间。他拒绝面对现实，不肯承认自己之前犯了一个决策性错误，不愿意及时止损，而是把希望寄托在了未来可能的转机上。类似的例子很多，例如，感情破裂的夫妻有一方坚持不离婚，期盼未来的转机，是不想浪费曾经付出的情感和时间；投资者手握垃圾股却死活不卖，是仍然心存侥幸，盼望有一天股市反弹。他们都缺乏止损的勇气，总把希望寄托在将来的“可能性”上。

在此，有两条建议：一、如果某种未来的发生只是“可能”发生，你已付出的成本便是“零价值”的，应该视为可以舍弃的沉没成本；二、在思考和决策一个问题时，不要把将来的可能性和已经付出的成本列为参考因素，而是要先把它们隔离，再去分析问题的性质。

不要为打翻的牛奶哭泣

我的第二个建议是：及时止损，为思考减负。

我们先来想一下，思考的负担是如何形成的？不愿舍弃沉没成本的文化背景和价值观背景又是什么？了解这些问题，才能彻底地解决这些负担，让思维轻装上阵。思考也有合理负担，比如一个人为了提高自己的某项能力而有意识、有计划地投入一些东西，并且通过不断的练习掌握经验。比如读书，不能因为从初中读到大学觉得自己没学到什么东西，就认定这些年的投入是错误的。因为这是合理负担，不是沉没成本。但是，一旦这种投入超出本人的承担能力并且未必能带来预期的回报时，就会给这个人的思考制造麻烦，影响他人生的选择。

因此，如果你好不容易明白过来，自己打翻一个奶瓶是做了错事，而不是一种值得炫耀的举动，就别再固执地期待奇迹发生，但也不要为之哭泣。洒在地上的牛奶是无法收回的，如同破镜不可重圆。既然损失的不可能更改，不妨全部置于一边，将其从“决策参考因素列表”中抹去，设想自己每一次的选择都是“从零开始”，只做对自己的将来最有利的事。从这个意义上讲，叫得最大声的创业者需要舍弃的沉没成本也最多。

04 重组，将信息重新组织，赋予其新的意义

| 只有把碎片化的信息变成完整和严谨的体系，才能对事物有全方位的了解，并从中发现新的意义。|

哈佛大学的一项研究表明，信息已经和资金、技术、人才并称为现代企业的四大竞争力。信息的重要性不断提升，它不仅是主导人们思考的因素，也是企业核心竞争力的重要组成部分。就像萧亮的第一任老师维德所说：“人的思考是带有目的性的行为，信息同样也是具有目的性的，它一部分体现了人的目的性，另一部分体现了信息自己的目的性。所以人的有些决定符合他自己的期待，另一些决定则是‘无心插柳柳成荫’。”他的观点十分鲜明，即便同样的信息，用不同的组织手法却能从中得出完全不同的结果，因为信息大部分是中性的，人却是完全主观的。

将碎片化的信息体系化

如第一章所述，埃克森北美公司的人事主管K接到招聘的任务后，在缩减成本的压力下不得不另辟蹊径，把目光转向低薪阶层。他动用积累多年的人脉关系，零零碎碎地搜集了南美洲和非洲地区工人的信息。这些信息是碎片化的，丝毫不成体系。比如，巴西的工人年薪报价表、非洲南部及中东部的失业工人登记表、各城市的劳工中介地址、联系人电话等，他从中看不到任何石油开采工人的系统报价以及与培训成本有关的数据。因此，他必须自己动手，重组这些信息。

人们平时通过互联网工具得到的信息和知识大多是碎片化的，每块碎片就像一座知识的孤岛。如果不对这些信息重新组织并把它们串联起来，那么这些信息就很难产生太大的作用。信息单个存在时没什么意义，只有把它们系统化，才能真正有效地应用它们，帮助人们思考和决策。而要系统化，就得根据自己的需求进行整理和筛选，再赋予其正确的逻辑。下面我将说明处理信息的三个步骤：

第一，集中和归类。就一个问题进行信息搜索时（互联网、图书馆或其他渠道），会搜集到大量碎片化的知识，它们来自不同的渠道、不同的人，观点和方向也不同，甚至数据也有差异。这时我们要做的，是把这些碎片化的知识集中起来。比如K在搜集到零零散散的信息后，要先对各个地区的求职信息、薪水数据、劳动中介机构等信息进行归类整理，按地区、薪水、是否中介等不同的属性将信息划分到各自的类别，做出表格，然后把信息填进去，进行对比和筛选。

第二，系统化应用。重组信息是为了挖掘它们最大的价值，让它们能够为己所用，最好能体系化地做到重复使用。但现实往往不会这么美好，许多具备时效性的信息只能使用一次，超过时间便失去了价值，除非再次更新。要依据自己的需求来判断信息的实用性，如果你不需要，再系统化的信息也没有价值。在分析南美洲和非洲地区的劳工数据时，K 先想到的便是埃克森北美公司的需求和能给出的上限条件，这是他应用这些信息的关键。他会先把符合公司要求的地区的劳工信息筛选出来（薪水和培训成本相对较低的），然后再联系当地的劳工中介机构。

第三，查漏补缺。K 在打通当地劳工中介机构的电话后，他提出的第一个要求便是请他们再搜集一下当地的人力资源输出政策，尤其是和石油开采工人相关的。比如，是否需要给当地政府一笔钱？是一次性费用，还是按时间收费？这些工人的文化素质、平均年龄、健康状况如何？这些信息在南美洲是查不到的，他通过电话搜集信息的这一步就是查漏补缺，以免错失最重要的信息。另外，还有些可以作为补充的知识（例如，当地交通情况等），也要随时搜集，丰富数据库。被重组的信息体系越强、越全面，就越有利于筛选和决策。

我对读者的建议是：平时在观看视频、纪实片或阅读报刊的时候，可以通过记录或记忆它们，积累碎片化的信息。当这些碎片化信息积累到一定的数量时，即便不动手整理，它们也可以在大脑中自动地组合起来，形成系统的知识。大脑有组织功能，它面对碎片化信息，可以调动自动机制去整理它们，并将它们做系统化的储存。

给信息赋予新的意义

只有把碎片化的信息变成完整和严谨的体系，才能对事物有全方位的了解，并从中发现新的意义。当面对大量的碎片化信息，不知该如何将它们系统化时，你也可以尝试一种比较简单直接的方法——使用“知识四象限”工具对信息进行分类，这样能充分保证你的时间和精力花在对自己真正有用的高价值信息上面，以免在琐碎的整理和归类中浪费太多时间。“知识四象限”虽然只是整理信息的入门级工具（对后续的分类技巧助力甚微），但它能帮助人们在信息的筛选上尽可能地节省时间。

在将筛选出来的信息系统化地整理以后，还要对它们再进行一次“断舍离”——精简再精简，直至能够用最少的信息把事物的核心表达出来。在将“海量的信息”通过筛选和整理，进而变成“有价值的体系化的信息”的过程中，只要一步步地脚踏实地，必将有所收获。

05 界限，画线才能赢得思考的自由

| 如果不能画一条线，将负面因素隔离在外，思考就会变成牢笼中的猴子，在绳子的束缚下，处处受控。|

“画线”产生秩序

20多年前，中国北方某所大学的教师宿舍区未建自行车棚，学校老师下班后习惯性地将自行车停在楼道口。时间长了，停的自行车越来越多，堵塞了楼道，大家都有怨言，却又无可奈何：“这个问题没法解决，因为每个人都这么干，渐渐也都习惯了。”后来有一天，一位老教师实在看不下去了，便用粉笔在楼道口的一侧画了一条线，把一片区域圈了起来，写了三个字：“停车区。”他画好线后，还把乱放在楼道口的自行车重新摆好。从此以后，宿舍区的自行车变得整整齐齐，人们自

觉地将自行车停到他画定的区域，这些自行车再也没有影响过出入。

“画线”的方法不具备任何法律作用，这一点毫无疑问，但画线却在无形中起到了规范的作用。它激发并唤醒了人们的秩序意识，使人们按照设定好的秩序思考和行动，从而顺利地解决了自行车乱放的问题。而在没有这条线时，人人都可以自由思考、行动，直到使问题变得比较严重。

思考也需要有序，保证有序的前提是使人们意识到界限，哪儿是边界，哪儿是自由空间，只有这样才能使人们精力集中。如果没有这个界限，人的“小我”就失去了约束，思考也变得漫无目的，那么也就失去筛选信息和体系化思考的能力。比如，在生活和工作中有的人不停地抱怨家庭不幸、工作不顺、身体不好、社会对自己不公平……所有的事情都一塌糊涂，而他自感无辜。背后的原因不是他努力了却没有回报，而是他将自己关进了一个充满负面因素的牢笼。在这座牢笼中，他无法分辨哪些是自己的责任，哪些是外部环境的因素。他会将一切不符合预期的结果全部归咎于自设的牢笼。

应该给自己的思考画一条线，即划分“责任区”，分清你要做的，别人要做的，社会要做的。只有让信息和问题在大脑中井井有条，思考才能自由起来，既能明白自己的责任，也能看见自身的问题。

“看见”是思考的开始

第一，学会识别和管理情绪，是正确思考的前提。人类之所以会产生愤怒、悲伤、忧郁、失控等不良情绪，影响了自己的判断，关键不在于“有人做了些什么”，而在于你能否控制情绪，掌控自己的“情绪触发点”。展开正确思考的前提是：不要将“情绪”视为“自己”，要学会识别哪些情绪是不良的，把它们筛选出来剔除掉。有个词叫“当局者迷”，说的便是人被情绪包围，无法看清真相，所以很难正确地思考的情形。

第二，看见界限，是培养深度思考的开始。界限不是牢笼，是为思考设定出的多元的、分工明确的区域。有了界限，思考就有了禁区和优先项，哪些是你该考虑的、哪些是你应屏蔽的便一目了然，从此情绪不再迷茫，思维也不再混乱。当你能够看见界限以后，就能把精力集中到正确的事情上，释放创造的活力，并且行动起来，得出犀利的、富有价值的见解。

让无形的绳子松一些

有形的界限还有一个作用，就是帮助人们隔离、卸掉心中无形的绳子。我每次去参观动物园，看到动物表演的节目，都会觉得那些动物非常可怜，它们被有形的绳子、鞭子和笼子所控制，受制于人，不能选择自己的命运。动物的“动物园生活”是被人类设定好的，它们所有的思考均围绕着如何取悦人类换取食物来进行，因此它们看到的界限是吃、喝、睡、表演，它们可以在这个界限内自由发挥，但越界是不被允许的。

这个场景置换到人类身上也是同理，人们的生活中不也有许多无形的绳子吗？不论你是千亿富豪、媒体名人、政坛新星，还是普通工薪族，都无法彻底摆脱绳子。工作、名利、婚姻、孩子、客户、市场等这些全是绳子，处处限制你的思考，影响你的决策和行动。你被套在其中却茫然不知，或者就算知道了也不想改变，还不断地主动给自己套上更多的绳子。

只有让绳子松一些，把它们视为沉没成本，不考虑种种附加因素的掣肘，才能赢得思考的自由。

界定问题的边界

不论简单还是复杂的问题，其本身通常都涉及内部、外部、环境三种影响因素（导致问题形成的原因），三种因素是并存的关系，但在具体问题具体分析时，它们之间的比重分配也有所不同，有时是以内部为主，有时是以外部为主，有时是以环境为主。界定问题的边界，就是把不同角度的思考标准想清楚，这有助于将问题想得更全面。

有个简单的问题：“明朝为什么会在崇祯时灭亡？”

答案A：崇祯时，朝廷积弊日久，吏治腐败，国库空虚。

答案B：中原地区爆发张献忠、罗汝才、李自成等多股农民起义。

答案C：此时处于小冰河时期，北方气候寒冷，后金贵族必须夺取相对温暖的中原地区才能生存。

上面三个答案分别是从朝廷吏治腐败和国库空虚（内部）、爆发农民起义（外部）、小冰河时期（环境）三个角度来考虑的，通过这三个角度来思考，便会不断将问题想得更全面，直到最终解决问题。反过来理解也适用，工作中出现了问题，只要从三个角度逆行推导，便能发现是外部、内部或是环境的原因。界定边界的做法可以通过流程式的思维方式拆分问题——通过流程将问题拆分成一个个有顺序的小模块。流程中有可能涉及各个不同的角色（因素），将内因、外因、环境因素三个角度的信息体现在流程中，这时你便能更深刻地、形象化地理解不同因素是如何影响事物变化的。

界定问题的边界后，还能获得两个好处：一、发现有问题的关键点（自行车不该停在楼道；动物不能跑出笼子）；二、明确问题的模块（自行车和动物有各自的区域，[illegible]了这一步，便容易改进行为，精确地做出决策了。

如果不能画一条线，将负[illegible]素隔离在外，思考就会变成牢笼中的猴子，在绳子的束缚下，处处受[illegible]

你的脖子上有哪些绳子？你[illegible]怎么办？是割掉绳子（沉没成本），还是适当放松一些（不能割舍的[illegible]本）？这个问题只有你自己去思考，才能得到适合你自己的答案。

06 清除，删掉影响思维运转的杂念

| 一位伟人在他的精力被分散后，也将变得非常平庸。——叔本华 |

噪声是思考的天敌。哲学家亚瑟·叔本华平时最痛苦的事不是久而不解的学术问题，而是严重影响他生活的噪声。1850 年前后，他宣称“噪声是所有严肃思想家的最大敌人”。他形容马夫赶车时甩鞭子的声音是“地狱般的爆裂声”，此外邻居的敲墙、摔门、大吼大叫和吹口哨等行为所发出的噪声，让他近乎神经衰弱。一直到老年，他搬到其他地方居住后，才勉强摆脱了这种受噪声持续折磨的“噩梦”，并将此上升到了哲学批判的高度。

叔本华反对噪声的理由很简单。他说：“只有在全神贯注于一件事时，一位伟人才能激发自己伟大的思想，如同凹透镜把阳光聚焦在了一个点上一样。就像一支有战斗力的部队在士兵四处奔逃时，其战斗力自然丧失殆

尽一样，一位伟人在他的精力被分散后，也将变得非常平庸。”他还认为，即便不是哲学家的人，在受到骇人的噪声影响时，其正常思考能力也会不复存在。在扰乱思维这方面，没有什么东西可以比噪声的威力更大。

我年轻时，喜欢站到阳台、马路边听车流的声音。这是20年前的事情了，那时候我和今天的许多年轻人一样不用思考，也不喜欢思考，年轻气盛，就想找刺激。后来到了美国，用来学习和思考的时间越来越多，但过大、过久的声音对听觉的刺激开始让人产生幻觉。比如，房子内部的空调、电视、电话、门铃、水流声，房子外部的飞机、车辆、警报器的轰鸣，饭馆的嘈杂，体育场馆的震撼音乐。我终于体会到了叔本华对于噪声的哲学批判，噪声确实会对人们的认知行为造成负面影响——噪声环境是产生思维杂念的肥沃土壤。

第一，噪声使人身体衰弱。有科学证据表明，高强度的噪声能使人身体衰弱。几十年来，尚无相反的研究能推翻这个结论。

第二，噪声让人无法集中注意力。人们的大脑中有两个“我”，一个是“紧盯目标之我”，另一个是“左顾右盼之我”。前者无比专注，后者充满杂念。在安静的环境中，“紧盯目标之我”处于上风；但在噪声过大时，“左顾右盼之我”则粉墨登场。事实上，大多数时间大脑中掌舵的都是后者。它十分活跃地对大脑投其所好。

第三，噪声导致过度思考。“过度思考”是指在思考时反复陷入单一事件（问题）中无法跳出，既解决不了也放弃不了。注意力不集中时，你总是翻来覆去地分析，就像枪口晃动让士兵无法快速瞄准而不得不“一直在瞄准”一样。这是一种让人无法去充分思考其他事情的状态，你焦急于找不到灵感，或者为某一个决定而后悔、忧虑，并且这种状态对人的日常生活造成了不可忽视的负面影响，比如失眠、抑郁、无精打采、情绪暴躁、专注力下降等。

从事单一性工作的人尤其容易受到噪声的影响，这不是借口，是可以切实感受到的“大脑遭受的天灾”。不管人们有多么强大的毅力和自救能力，都不能及时挽救被它破坏的注意力。我的同事、北京分公司的副总老任有同样的感受，他在被噪声打扰而感到愤怒时，可以将一桌的文件抛向天空，甚至举着椅子疯狂旋转几十圈，对着空气打出十几拳。老任还经常吐槽北京的大街就像把人扔到了一处时光停滞的虚拟空间一样，他觉得堵车时耳边的喇叭声和看不到终点的车流是绝妙的搭配，使身处其中的人顿感生活无趣。

注意力是一件脆弱的宝贝，要对它说：“放松，不要理会，愉快点儿吧！”给自己一些心理安慰，在噪声出现时，你能做的可能仅此而已。

什么时候要立即行动

除了搬家，以摆脱环境噪声之外，避免思维杂念的一个好办法是“马上将你的想法付诸行动”。如果你想看一本书，那就把它买下来。再等两分钟，或许你会把这笔钱花到别的地方，比如电影院。一本书的价格只值一张电影票钱，但它带来的价值却是一场电影不能相比的。倘若想出去走一走，便马上出门，不要多想，否则电视和唱片机的声音会把你继续留在房间里。如果不能马上行动，思维杂念所产生的无形干扰就会让你什么都干不成。

立即行动，并不是说你应该爆发“洪荒之力”立即把事情做得很好，而是说要开始向前迈出第一步。迈出第一步是清除杂念的关键，它的重要性占 60% 以上的比重。比如，你计划搬到一个新的城市居住，从纽约去华盛顿、从芝加哥去旧金山、从深圳去北京、从哈尔滨去大连等（搬家是一个人一生中很可能会遇到的事）。因为某些原因，你不得不搬走，但你一直考虑搬家流程，设计各种方案，而没有采取实际行动。你连一个电话也没打过（联系搬家公司等），只是在纸上记录各种成本，不断权衡利弊。第一步不顺利，你就会无休止地陷入这个流程的思考闭环之中，大脑中许多杂念在影响你。当外界干扰很大时，你甚至什么都不想思考——既想离开这个该死的地方，又什么都不想做。

立即行动，首先你要做的是思考和制订一份实质性的计划，列出一张有时间限制的日程清单。在罗列这张清单的过程中，会有一个接一个的杂念跳出来试图影响你，比如当地房价、工作机会、交通情况、饮食适应、人际关系、陌生感等信息，它们都有足以说服你“等等看”的理由。战胜它们，列出有时间限制的日程清单，选择好搬家目的地，即选择好城市、街道、小区，并迅速找好房子，联络搬家公司。思考是为了明确最终想要达到的目标，然后以“时间线”的方式将事情明确下来。第一步你做了什么其实并不重要，重要的是你一定要开始做点什么，以免杂念乘虚而入。实质的行动才能使你朝目标靠近，其他任何行为都不能帮助你更快地实现自己的想法。

注意力可否“快速转移”

转移注意力，可以让人的大脑回归到自然平静的状态，把那些干扰思考的烦心事扔到脑后，让自己头脑清醒。那么有没有方法可以让我们快速转移注意力呢？自然是有的。

第一，体力运动是见效最快的方式。

村上春树在他的作品《当我谈跑步时，我谈些什么》中将跑步时大脑的状态描述为“虚空”。在你过度思考的时候到户外跑步，能够让大脑得到暂时的休息，从困扰思维的无关信息（杂念）中解脱出来。当然，前提是跑步的环境是安静的、连续的。

在这里，将跑步（体力运动）描述为：运动是为了让大脑进入虚空状态。但正如你所预料到的，不管干什么（跑步时也不能避免），总是时不时地有一个想法悄悄地溜进来，进入大脑的“虚空”。人的大脑是无法彻底空白的，睡觉时也做不到，梦境也是一种干扰思考的思维杂念，幸运的是那时你已经睡着了，大脑隔离了你的潜意识，使你没有机会在第一时间强烈地批判梦境的荒诞。也就是说，人类的神经还不足以强大或者坚韧到能够完全维持一种“虚空之境”。但体力运动的好处是，在剧烈运动时趁机侵入的杂念是没有传染性的，也没有组织性，它们只是随机产生然后迅速消散。这种让身体疲惫的方式，可以让部分负面情绪和不良的想法随着汗水蒸发掉。停止运动时，专注力就能回来一大半，你就能借机思考和决策一些重大问题，比如还要不要购买某只股票。

假如杂念太多，跑步的效果不好，我的建议是：延长跑步的时间，或者选择其他运动，直到运动使你产生了昏昏欲睡的感觉。

第二，主动让自己分心。

体力运动不是快速转移注意力的唯一途径，还有其他方法。除了跑步外，我在心烦意乱时喜欢投身于任何能够把大脑倒空的事情中，比如通过读书来研究不了解的、有趣的话题，像“宇航员掉进黑洞的过程”“今天的博士生回到古代能做宰相吗”“人类有哪些不合理的生理现象”。我也喜欢静坐，但这个方法的效果因人而异，并不建议读者尝试。静坐看上去利于冥想，实际很容易变成一种外表平静如水、内心却波涛汹涌的作秀行为。这个事实让人非常恼火。

如果集中注意力是短期内无法实现的目标，那就让自己“快点分心”。安排一个爱好、一个小任务或者一个小活动，都能让大脑再度兴奋起来，摆脱杂念的纠缠。当你从事这些有趣和有益的事情时，就能暂时忘掉（屏蔽）干扰，把思维杂念关在门外（转移走），直到它们最终消失。

停止“重复讨论”

不要向他人求助。人们习惯在感到焦虑时向他人求助，以为这样可以让自己轻松起来，其实这是一个糟糕的选择。在面对大多数人都会对其过度思考的重大、复杂决策时，特别是在不利于思考的环境中，你的求助行为不仅解决不了问题，还会让他人也陷入过度思考。求助之前是你一个人焦虑，求助之后就变成两个人或一群人焦虑了。比如，当你因意外怀孕而思绪万千、不知何去何从时，你的朋友要么给你一个你意料之中的答案，要么也和你一样不知所措。这对解决问题并没有帮助，只会把他人一同拖入焦虑的泥潭。

对所有的事情而言，“重复讨论”都是一种极具伤害性的行为，这意味着在增加决策的不确定性。过度思考可能会导致不好的决策。人的大脑讨厌不确定性，因为它暗示着“不可控”“随机”“风险”。人的大脑也自带假设的功能，一旦有“不确定性”的存在，人就开始假设“它一定存在”。所以，当重复思考某个信息、片段时，大脑便会敲响警钟：“嘿，你要注意了，这个问题可能特别重要！”然后你一定会过度评估这些信息、片段的价值，改变原定的计划。所以，一定要停止这种重复讨论的举动。

四个步骤防止“过度思考”

可以确定的是，有时候人们不想删除大脑中的杂念是因为有能力“过度思考”。无论是出于自信还是别的原因，人们都可能一次又一次地陷入对同一事件的反应之中，把环境噪声列为思考的要素。比如，窗外飞机的轰鸣声让你做出了临时改变会议地点的决定，引起了与会者的不满；或者，你试图接纳新生的全部想法（思维杂念），从可以设想到的方方面面对一个观点进行总体分析。在长时间思考之后，你终于穷尽所有的可能，做出了一个决策。但其实你根本没必要这么做。

我的建议是，即使环境噪声和思维杂念这两项因素是不能去除的，删掉它们的成本大得惊人，但你还是可以将思考的过程变得对自己有利一点。至少能从一开始就启动有效的筛选机制，将一些明显的干扰过滤出去。

“清除过度思考”的四个步骤：

第一，重新定义这些想法（初步的思路）。

第二，重新组织对自己所积攒的经验的理解，找到错误认知（检查方向）。

第三，重新将注意力聚焦于真正重要的事情上（锁定专注）。

第四，重新评估大脑在接收新信息时所产生的反应（有选择地对待干扰）。

这四个步骤中最大的一个难题在于如何判定干扰的利弊。解决这个问题的策略是尽量保持和信息的距离，尤其是头脑中的新生信息（包括外部环境灌输的），比如计划已经定好了，却突生一个新想法，上司或同事的新建议，父母、同学和朋友苦口婆心希望你接受的意见等。当你和这些声音拉开一点距离时，就能了解到自己之前为何总是翻来覆去地思考，这时能清晰地看到哪些思考是可用的，哪些是必须无视的，然后停下这种过度思考的循环，从环境噪声和思维杂念中完全摆脱出来。

在筛选信息的过程中，人们都曾过度思考和过度分析，浪费了大量宝贵的时间和精力。本章的要点是，通过取舍、止损、重组、清除等手段，最小化这些无用信息占据的空间，排除决策的阻碍，然后强有力地执行决策。实现这一过程需要一定的时间，也并非所有人都能做到，但大部分人经过调整是可以拥有这种机制的。

在处理信息时，第一步是进行取舍，将有用的信息提炼出来，舍弃无用的信息，以免思路被带偏；第二步是止损，要有敢于放弃沉没成本的勇气，以达成及时止损的效果；第三步是善用归纳法，对提炼出的高价值信息进行组合；第四步是定下界限，为自己的思考范围进行限定，让思考更加专注，更有穿透力；第五步是清除思维杂念，为自己搭建一个相对安静的思考空间，防止你的思考成果受到污染，使前面的准备功亏一篑。

第六章

深度思考养成第五步：设计

01 搜集，准备一切必备信息

| 人们在搜集信息时总是被一些特定的倾向性困扰，要得出客观的结论，就必须打破这种倾向性。 |

近几年来，我对“人和人的差别”这个命题进行了细致的研究和认真的思考，并带领团队搜集了几十万份来自世界各地不同阶层的资料，我发现人和人最大的差别从来不是某些人拥有什么不可示人的思考秘籍，或者上帝给予的惊人天赋，而是他们在思考问题时养成了一些与众不同的好习惯，日积月累才完成了从量变到质变的飞跃，将其他人远远地甩在身后。一般来说，他们在搜集信息的阶段就已经领先了别人一步。

开始阅读本章前，请先回答以下 8 个问题：

（1）你每月读几本书？

A 档：5 本以上

B 档：3 到 5 本

C 档：从来不读（没有计划）

（2） 你知道哪些方面的知识是自己的弱项吗？

A 档：深知

B 档：遇到问题才知道

C 档：从来不知道，也不关心

（3） 你学习和搜集资料的主要方式是什么？

A 档：主动从不同渠道

B 档：一直从固定渠道

C 档：从互联网或别人那里被动地学习

（4） 你针对自己被事实证明的错误做出过调整吗？

A 档：及时调整

B 档：有时调整（看情况）

C 档：从不调整（拒绝调整）

（5） 你对曾经遇到的问题有过想当然吗？

A 档：从不

B 档：很少

C 档：经常

（6） 你如何证明自己独立思考过？

A 档：经过对比论证

B 档：坚持立场时

C 档：无法证明

（7） 你每天坚持写日志吗？

A 档：几乎每天

B 档：偶尔

C 档：从来不写

（8） 你会坚持写自己的专业论文吗？

A 档：主动在写

B 档：有需要时写

C 档：从来不写

这 8 个问题是美国培训与发展协会的顾问委员会设计的一份测试题。搜集资料最怕漫无目的、没有重点，却又自认为思路正确。美国培训与发展协会的思维测试专家认为，这 8 个问题涉及人在思维层面最重要的三种能力。第一，主动学习的能力；第二，主动反省的能力；第三，独立思考的能力。回答完这 8 个问题，一个人是否具备专业和高效的收集资料的能力已经一目了然了。问题虽然很简单，但 8 个回答全是 A 档的人，全球不会超过 100 万人。你没看错，全球 70 亿人中只有万分之一的人能在这 8 道题中全部选择 A 档。

事实上，大部分人只能归于 B 档和 C 档。这些年来，我的阅读范围虽然“自认为”广博和专深，但也无法避免随处可见的“常规错误”。所以有时我会对读书的效果充满怀疑：读书真能提高人的思考能力吗？事实上，读书对某些人来说也许效果相当显著，但它很难改变人的本性。人的思考总是充满了随机性，经常在思考上一个问题时还保持在 A 档，下一个问题就掉到了 C 档。比如，萧亮昨天出门时还知道喷一喷头发定型水，十分注意自身形象，但今天连胡子也没刮就走了。我之所以越来越喜欢阅读哲学类的书籍，正是出于下面这两个原因：一、哲学作为解决一切问题的“思想工具”，能提供一些基本的世界观和方法论，使人今天比昨天更“聪明”一些；二、哲学还有心理安慰的功能，它会告诉人们“浅思考是生活的一部分”，即使掉进思维陷阱也不必自责，因为总有人会掉进去。

有效地搜集信息

在平时的工作中，经常会有人分享一些专业资料，它们的出现很及时地解决了你的困惑。这很让人激动，所以你很好奇他们是如何找到针对性那么强的资料的。在你的经验中，网络搜索散漫而又缺乏效率，专业平台又需要时间和进入门槛，均做不到既快速又有效。你之所以会这样认为，是你从来没有认真思考过“如何正儿八经地搜集信息”这类问题，大多数人习惯于通过别人的分享被动地获得资料，缺乏主动进行“专业化搜集”的概念，也不具备对信息按类别检索的意识。

搜集信息包含三个重要的阶段：

第一阶段，如何找——设置主题和关键词。人们检索不到需要的信息，60%以上的原因是不懂得如何设置主题和关键词，而这恰恰是搜集信息最为重要的一步。主题和关键词虽然可以自定义，但也一定要符合自己的实际需求。

第二阶段，去哪儿找——信息来源。要从尽可能专业的平台和渠道获取对口的信息，但首先应该搞清楚哪些平台和渠道较为专业且能提供真实可靠的信息。信息的来源决定了信息的质量和它的价值。

第三阶段，用什么找——搜索工具。网络信息时代，人们搜集信息通常会选择百度、谷歌等搜索引擎和新浪、搜狐等门户网站，这些工具各有特点，提供的信息和记录方式也各有优缺点，必须结合问题的本质选择恰当的搜索工具。

简单地说，搜集信息就是用各种搜索方法快速找到自己所需要的“精准信息”。不仅要搜索，还要集成、整理和分类——及时将搜集到的信息进行定义、抽离、辨别和筛选，最后才是归类、去粗、留精，加上可供检索的标签，以便自己随时取用。至此，搜集信息的工作才算告一段落。这些步骤长期坚持下去，可以显著地提高搜索信息的效率。

重要的一步：主题和关键词

有一天，萧亮的爱犬突然满地打滚，急需救治。但他常去的宠物医院忽然关门歇业，他从门上贴出的告示中得知老板去了外地，最快也得明天回来。这时萧亮要么另寻医院，要么就得等这位老板从外地赶回，然而那时，他的爱犬可能已经凉透了。无奈之下，一贯不喜欢自己动手的萧亮打开电脑开始搜索，输入“狗、腹痛”和“宠物医院”等关键词，立刻出现了几百页相关信息：狗为什么腹痛、什么情况下会危及它的性命、附近有哪些宠物医院等，甚至还有提供全天服务的兽医的联系方式。

这就是主题和关键词的价值，它们可以挽救萧亮爱犬的生命，否则萧亮不但会痛失爱犬，还会被妻子赶上天台。现在的信息量高速爆发（新信息不断涌现），信息的种类和来源也多种多样（良莠难辨），而且具有非常短的时效性（更新周期短）。如果不根据主题和关键词搜索，只通过一个信息去浏览另一个信息，不仅耗费时间，还缺乏准确性。所以设置自己关注的主题和核心关键词是非常重要的一步。

如果不设置主题和关键词，就会在搜集信息时淹没在信息的海洋里，资料虽多却没有你想要的；或者由于担心信息的负载太大而刻意回避，不去搜集信息，仅凭经验做出判断，这会导致你和这个时代脱节。

设置主题和关键词有两个主要的好处：

第一，提醒方向。主题和关键词能让人们时刻明白在搜集信息时什么信息才是真正有价值的，重点关注这类信息，对那些无关紧要、缺乏价值的信息进行忽略或屏蔽。

第二，有目的地主动获取信息。在关键词的引导下，搜集信息的时候会更有目的性，可以使用各种订阅、集成工具有针对性地搜集信息——这一工作是自动性的，让信息主动进来且分好类别，可有效节省时间。关键词也能帮助你加深记忆，并在大脑中形成一个习惯的搜索机制，知道什么时候应该参考哪些信息，加快思考的速度。

例如，专业的互联网技术、教育、体育、科技和新闻网站等，能让人们在这些特定的领域拥有一个专业的信息搜索平台，免除在大量的无关信息中筛选所需信息的苦恼。专业网站的信息更加聚集且更富有深度，具有垂直性的搜索，有利于人们为自己建立完整的思维模式和知识体系。退一万步讲，在专业网站泡久了，至少还能多学几个生僻的词汇。

这里，我要再次提醒大家：在搜集信息时不要有主观的、感性的和涉及利益的倾向性——这是人最可怕、最致命的软肋。人们在搜集信息时总是被一些特定的倾向性困扰，要得出客观的结论，就必须打破这种倾向性。

02 归纳，整理逻辑与要点

| 归纳的意义在于可以把脑海中散乱的知识和情报收集到一起，通过整理信息的内在逻辑，在大脑中建立一个方便检索的资料库。|

信息的集成和归类

如果让萧亮选择一种储存工具来管理他的资料，他大概会选择电脑资料库。这是因为他已经有 20 多年的电脑使用史，他用过的每台电脑都有一个专门的个人资料库，放置各类他关心的资料。萧亮认为把资料储存在电脑上有两大好处，一是无论是否有网络，都能随时查询，不像在线储存非常依赖网络；二是方便复制，有一个移动硬盘或 U 盘就可以了。所以，萧亮习惯将他搜索到的有价值的信息存储在自己的电脑中。但是同时他也发现，随着资料越来越多，他的电脑文件夹也日渐庞大，要经常删除一些过时文档以为新信息腾挪空间。另外，在同时使用多台电脑办公时，他不得不拿着U盘四处备份（大文件在线传输的速度并不理想）。后来，萧亮又开始用网络云盘储存一些使用频率较高且常在多地上传和下载的资料，开启了他的“信息共享时代”。

对于资料的储存，可以用比较简便的方法进行整理，比如，设定主题和关键词——就像搜索时那样。分门别类地将它们放到电脑硬盘、网盘或其他储存工具中。归类的第一要义是：调用方便，能够高效检索。比如，在相关主题中找到需要的类别，再输入一个特定的关键词，便能将资料直接调取出来，不用中断当前的工作。另外，当处在一项任务的进程中时，遇到一篇不错的文档，想归档以后再进行阅读，也能快捷地将它集成到自己的资料分类中，而不用临时设置归类标准。这样一来，就能对自己所集成的资料添加标签，做到随时随地全文检索，缩短思考的“准备时间”。

整理信息的要点和内在逻辑

第一，一定要养成定期整理信息的习惯。若没有定期整理它们，则用各种手段和工具获取的信息，时间一长便会趋于杂乱，同时失去时效性。所以，就像定期打扫房间一样，在信息归纳中，对信息进行定期整理也是不可缺少的一个环节。它包含三个方面的内容：一、定期检查并且调整归类；二、删除不再需要的资料；三、添加和调整方便搜索的标签或者关键词。此外，你也可以为工作增设一个临时储存资料的过渡区（工具），用于存放一些有价值但暂时无法归类的文档或者资料，不过这样一来，在定期整理时你就要着重检查这个临时工具（文件夹），将其中的资料安置到对应的分类中（或者删除）。建议每周定时整理一次，时间可以定在周一或者周五，但要避开周末。

第二，让信息富有逻辑性。如何理解信息的逻辑性？如何才能让散乱的信息产生逻辑性？通俗地说，就是要让搜集到的信息具备内在的逻辑，符合搜集的目的。首先，准备的资料要用得上；其次，可以用一个通用、易于理解的逻辑将信息串联起来，形成一定的知识体系。如果信息缺乏条理性，逻辑混乱，一定会影响你的工作效率，对思考和决策也都是不利的。

朱先生在 6 年前就养成了搜集分类和定期整理信息的习惯，当时他正带领一支 7 人的临时小团队，同时需要协调多方（部门）的工作，因此要将很多人的工作信息放到一个共同的文件夹中进行维护。为了提高决策效率，他开始勤奋地建立自己的资料库，但发现效果一点也不好。他感到困惑："为什么我资料充裕，却对工作毫无裨益？"就好像我们兴奋地吃了一肚子的好饭，大脑的反馈却是"这些食物没有营养"。经过检查，朱先生发现问题在于自身，他搜集的信息五花八门，什么都有，单个拿出来对工作偶尔有点参考价值，但整合在一起就“什么都不是”了，形不成体系。这些资料虽然可以被他充作演讲之用，但对他培训员工的本职工作却帮助甚微。

这说明，信息的逻辑性体现于一个标准化和富有针对性的知识体系中。如果你搜集到的信息可以大部分匹配你的工作领域或者决策目的，能提供全方位的有针对性的知识援助，补充你在信息方面的不足，而不是仅能用于部分段落和单个观点的摘抄，那它就具有了最基本的逻辑性。

第三，提取信息的可用价值。为了照顾思维逻辑的严密，需要对资料多加思考和多加质疑，因此每次对信息的筛选和归纳，就是对自身逻辑的一次审查，如同给自己认真地上了一课，也把多种信息融进自己的知识体系内。不过前提是，你能够从搜集到的信息中提取“可用价值”。

即便我们搜集了再多的信息，整理得再有条理性，资料库再美观好看，如果不能从中学到东西，也顶多是建立了一个“丰富的个人知识库”而已。对于本章的内容来说，最重要的是要学到用好信息帮助决策的技能，让不同来源的知识为己所用，完成一次高质量的思考和行动。

信息的可用价值表现在：一、以点带面，转化信息，起到知识索引的作用；二、直接解决现实问题，设计有效路径，实现正确决策；三、帮助我们沉淀自己的知识，创造新的价值。

通过归纳改善你的认知系统

美国培训与发展协会的思维培训中有一个非常经典的问题：“球棒和球一共花了 110 元，球棒比球多花了 100 元，那么买球花了多少钱？”

你的回答是“10 元”？很抱歉，这说明你的认知系统充斥着活跃的“非理性的直觉思维”。可能你平时根本瞧不上直觉，也鄙视那帮以直觉为傲的家伙，但在思考的关键时刻，直觉还是跳到台前操纵了你的大脑。答错这个问题的人非常多，从 2008 年至 2018 年的 10 年间，美国培训与发展协会已经用这个问题以问卷和邮件形式测试了 172 万人，回答的正确率仅有 16%。对这道题若稍加理性分析和认真计算，就不会答错，但结果竟有高达 84% 的错误率。

无论信息多么充足，人在思考时仍然本能地依赖直觉性的思维，而抛开眼前的参考信息，直奔脑海中漂浮上来的第一个答案。对于严谨的分析性和穿透性的思考，大脑极为吝啬它的爱意，这是由人类认知系统的缺点决定的。英国心理学家艾文斯对人类的认知模型进行了 30 年的研究后，提出了“双重加工理论”。他认为，人拥有两种思考模式，第一种是直觉性和启发式的思考；第二种是分析性的思考。在人类的认知系统中，思考是一件费力的事情，所以感性和直觉大受青睐，因为它们运行起来毫不费力。而分析性和穿透性的思考却需要我们深思熟虑，因而启动缓慢，且过于耗费资源，被大脑所痛恨。

心理学家据此认为，人类在认知和思考层面是典型的“守财奴”，在信息加工和思考的过程中总是习惯性地倾向于直觉性的思考，而不是理性地深入分析。因为直觉性的思考消耗的资源更少，速度更快，对于大脑来说更省事。正是由于这种特性，人们经常会不自觉地掉进直觉的陷阱，因此答错那道题也就再正常不过了，如若第一时间答对了反而会令我感到诧异。

据此，可以得出三个结论：一、人的认知系统与直觉是一对如胶似漆的“同城情人”，理性是远在异地的“丈夫”；二、大脑认为思考是一件费力的事，所以追求简单直接；三、养成深度思考的习惯需要长期的坚持和不断的努力。

人的大脑也很喜欢求助于外在的帮手。比如，全世界 99% 的人已经养成了遇事问百度、谷歌等搜索引擎的习惯，倾向于拿起手机在互联网上直接找到现成的答案。如果能把记忆、分析、运算等复杂的工作外包出去，大脑会非常乐意，它希望拥有一个无所不能的仆人。这些现象的存在，使现代人的记忆能力、计算能力、分析能力、逻辑能力和决策能力呈现整体性下滑的态势，正如我的老师、聪明的荷兰人维德所言：“进化论确实是真的，人类早晚进化成猴子。”

归纳的意义在于可以把脑海中散乱的知识和情报收集到一起，然后通过整理信息的内在逻辑，在大脑中建立一个方便检索的资料库。这就好比在一片漆黑的森林里，找到了地图和手电筒，你不会再被未知事物直接击倒，你的脑海中会建立起一种反应机制，在茫然无措的时候通过日常归纳整理的知识，为自己寻找出路。当我们面对不懂的事物时，我们就可以通过归纳法，以我们已形成固定概念的旧事物对未知事物进行推理。一个头脑清晰、沉着冷静的人是一定有这样一套思维模式的，这种思维模式，早建立早受益。而想要为大脑嵌入这样的快速反应提取机制，还要注意以下几点：

第一，锻炼。大量的练习是建立反应机制的基础，想要在头脑中建立一种思考通道，就要经常强迫自己这样思考。要对这样的思维模式形成一种习惯，让自己在遇到这种情况的时候会不由自主地思考，并勤加练习。

第二，不要过于依赖搜索引擎。既然我们要在头脑中建立一座资料库，就不能总是通过这么简单的方式摄取知识。只需要动动手指就可以在网络上得到的答案是没法在人的脑海里留下深刻印象的。

第三，定期维护。如果你的脑海中已经有了资料库，那么定期维护资料库的完整性就是你经常要做的了。在补充知识的同时，还要温习以前的知识，温故而知新。

第四，反思。实际上在我们刚刚进入学生时代时，老师就会告诉我们，做题一定要验算，如果你任何一个步骤中的得数错了，那整道题都是错的。我们一定得养成反思的习惯，以免因一个粗心大意的错误，造成满盘皆输的局面。

03 导图，用思维导图展开“可视化决策”

| 如今的商业决策者都需要具备将数据可视化的能力，懂得用图表传递信息，用图表引导思考，用图表帮助决策。|

你有没有做笔记的习惯

即使是天降之伟人，他的智慧也不是从路边捡来的。2011 年，钱锺书的夫人杨绛在当年 10 月出版的《钱锺书手稿集》的序文中写道：“许多人说，钱锺书的记忆力特强，过目不忘。他本人却并不以为自己有那么‘神’。他只是好读书，肯下功夫，不仅读，还做笔记；不仅读一遍两遍，还会读三遍四遍，笔记上不断地添补。所以他读的书虽然很多，也不易遗忘。”

这段描述有意思的地方在于，它推翻了人们传统印象中一位伟大学者的学术修养基于其不凡天赋和超强记忆力的认知，不仅赞扬了钱锺书过人的勤奋和努力，也向读者介绍了他喜欢做笔记的读书方法。很显然，做笔记可以有效地帮助记忆，即便是钱锺书这样的名家也要靠三遍四遍地重复阅读和添补笔记才能积累那么深厚的知识，并产生让人仰视的智慧。但是，我举这个例子并不是要说明做笔记对读书有多么重要，而是指出一项有益于精准决策的原则——养成做笔记的习惯，利于动作化和形象化的记忆，可以提高决策的精准度。

动作性记忆

人的记忆分为两种类型，一种是陈述性记忆，比如用阅读、倾听、默诵等方式来让大脑直接记住、储存信息。所有的信息都会经过大脑中海马体这个结构的过滤，不过它只是进行短期的储存和中转，所以你想记住的东西最终不一定都能被记下来，转存的时候总会发生或大或小的信息遗漏或变形。另一种是动作性记忆，比如踢足球、跳舞、游泳、练习武术、写书法、抄录课文等，这些信息不需要经过海马体，而是经过小脑的神经回路和大脑基底核的处理后直接进入神经网络，其间没有中转站，信息损失率低，没有意外的话很难被忘掉。

这就解释了一些奇怪的现象：8 岁时背诵的诗词，20 岁时就忘干净了，手抄过的名家名篇却还印象深刻；6 岁时学会了骑自行车，到 30 岁时你还会骑，尽管你已经有20年没骑过了；背了几十遍棋谱，对下棋的规则还是一知半解，但找人现场对弈几盘，你可能一小时就学会了……

有了书写的动作，人们对知识、事物的记忆效果会更强。大脑的工作风格和现代社会的女性相似——重视形体，对形象化的东西十分敏感，接受度高。另外，我们做笔记时由于使用了身体的另一个器官——手，所以我们在书写的同时也对信息进行了条理化和逻辑性的思考，这不仅有利于记忆，而且也是培养深度思考的必要过程。我在美国培训与发展协会工作期间，曾有幸见过许多伟大企业的创始人和卓越的领导者，发现他们都是喜欢做笔记的人，尤其在涉及重要决策时，他们会一边听汇报一边写下要点。如此一来，往往在汇报结束时，他的决定也做出了，有时甚至不需要召开一场新的会议专门讨论。

如何导图化地深度分析

截止到今天，我使用"麦肯锡笔记思考法"已有13年了，它的存在让我拥有了对生活和工作的"导图化思维"，能够同时用文字和图表两种工具审视、思考一个问题，对我帮助甚大。最重要的是，由于文字和图表同时存在，所以必须静心慎重对待问题，不能纵容本能和直觉"扔骰子式"的判断。

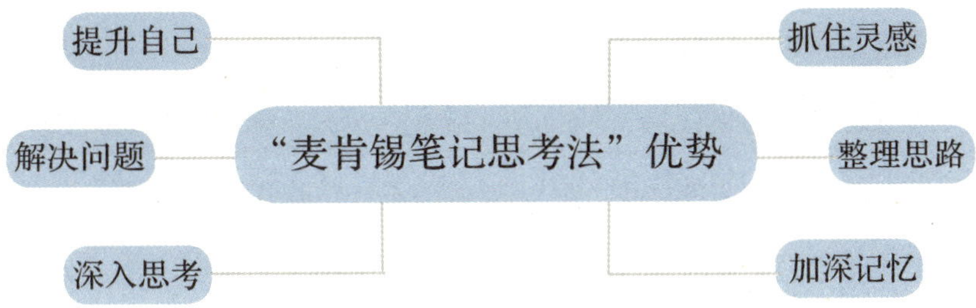

“麦肯锡笔记思考法”包含了三个要素。一、动作性记忆：一边做笔记，一边思考。二、成果导向：以解决问题为最终目的。三、按照基本流程进行思考：记下本质问题，通过假设来验证（否定），找出解决方案、实施解决方案。

这是一种为了解决问题而实施的深度分析的高效思维模式，借助笔记这个有形的事物和动作性记忆，把思维火花从大脑中一丝一缕抽离出来，转变成可视化和导图化的文字、图表，然后将问题条理化地展示出来，从而发现问题，总结规律，制订解决问题的根本方案。具体来说，“导图化分析”有以下三个优点。

第一，“导图化分析”把人从“浅思考”中拯救出来。网络时代的人越来越忙碌，生活和工作节奏也越来越快，每个人都在承受着巨大的时间压力。这导致人们用来思考的时间极为有限，即便思考，也只是“匆匆一想”，思考很浅。“麦肯锡笔记思考法”的三个要素让“浅思考”

不复存在，只要能养成做笔记的习惯，就能规避漏洞百出但又驱之不散、如影随形的浅思考模式。

第二，“导图化分析”可以减少错误的尝试，争取决策一次到位。假如没有文字和图表的协助，我们很可能不经认真思考就采取行动，那么便无法知道行动是否能够真正有效地解决问题。大脑在不知道如何做才能解决问题的情况下会不断地尝试，一个思路不对就换另一个，直至有对的思路出现。这当然是对时间和精力的浪费，也会导致工作效率的低下。“导图化分析”能够最大限度地避免这个问题，文字和图表所呈现出来的富有规律的“可视化信息”，给了大脑做出正确选择、让决策一次到位的机会。

第三，做笔记的方式可以将思考的过程分散到平时的碎片时间中，使决策成为深思熟虑的结果。人们在会议间隙，把头脑中的灵感记录并整理下来的这一过程其实就是思考过程。不成熟的想法会在时间的沉淀下一点点地成型，越来越完整。同时，做笔记（书写）对大脑也有加深记忆的作用，可有效增加我们思考的广度和深度。还有一个好处就是，中途其他信息也随时能加进来，为我们提供新的思路，激发新的灵感。等到需要正式做出决策时，想法已经十分成熟了。

如何实现可视化决策

我一直主张人要具备可视化决策的能力，要学习这种能力，不论是以思维导图的形式，还是将笔记做成PPT（演示文稿），可视化决策都可以充分凸显“信息”的作用。最佳的方式是制作图表，这样参与决策的人员能够快速、准确地理解数据及其他资料所要表达的内容，从而提高决策的精确性。

“信息可视化”的作用主要有两个。

第一，可以传递更多的数据。假如是文字资料，可能几千字的长篇大论也赶不上一张简练的图表。图表具有浓缩和直观的特点，它能够传递的信息是文字望尘莫及的。比如你要根据公司最近一年的营收情况决定明年的战略，如果只看文字记录，会发现这是一个几天几夜也看不完的大工程，因为你要查看每个月的具体收支，同比和环比的增幅，哪个月的收入最高，哪个月的收入最低，增幅最高和最低的分别又是哪个月。而这些数据又分属于不同的账目，让人头疼。用图表表示只需要一个柱状图和折线图的组合图表就可以了，完全能够准确地表达上面的信息。可视化的图表能将所有的数据囊括在内并直观地展示出来，一眼就能看到关键点。

第二，形象生动，便于理解。可视化的图表或其他数据导图能以更简单的逻辑和视觉体验，帮助人们更快地把握要点，就像基于每月收入做出未来的商业决策一样，通过图表，企业高管一眼便能看到过去一年公司的经营数据——分月、分季和一年的整体数据，增长和亏损等。他们不用将每一类数字放到大脑中做模糊的对比，也不用单独研究账目，就能快速得出结论。

由于大数据技术的发展，“可视化的思维导图”在思考和决策中的地位越来越重要。用八个字总结就是：字不如表，表不如图。图表能够使人更快地理解信息所要表达的内容，看到信息的内在逻辑和未来演化的趋势——过去发生了什么，现在正在发生什么，将来会发生什么。一切都是精确、形象和生动的，也更有深度且易于理解。可以这么说，如今的商业决策者都需要具备将数据可视化的能力，懂得用图表传递信息，用图表引导思考，用图表帮助决策。

04 提升，从完善思路，到精准决策

| 从“完善思路”到“精准决策”的提升过程也是一个反复讨论的过程，和自己讨论，也和别人讨论，在讨论中发现自己的不足，看到自身能力（思考力和决策力）的阈值。 |

在人类的思维体系中，神秘主义、怀疑主义和虚无主义是三种顽固的“病毒”，它们始终腐蚀着人们的理性，阻碍深度思考的实现。即便是现在，人类面对未知的世界，仍然感到力不从心。但这与本书中谈到的“老张的神秘主义决策理论”关系不大，按照我的理解，公司的管理人员老张在从殚精竭虑的专业主义者过渡到信奉星座的神秘主义者的过程中，就“如何决策”的情节显然说了谎。这是他的狡猾之处。

老张不够老实，他隐藏了自己究竟是怎么处理信息的情况。比如，老张用贴在办公室的星座标签指导自己的行程而不是听从助理的安排，

在我看来是因为他对过去长期出差、开会、签约等行为进行过细致的总结，在他的大脑里早就画出了一个框架，有了一个路线图。他知道应该怎么做，所以才用星座标签掩护自己，以便摆脱公司其他人员对他个人思路的干涉。

在“专业主义”和“神秘主义”这两种决策模式的对比中，我们可以看到一些现象。

第一，“专业主义”的决策模式有时过于依赖经验，对不可预测的变化应对不足。

第二，“神秘主义”的决策模式必须建立在大方向正确的基础上，然后减少干扰因素，追求效率。

第三，老张的成功在于他有一个框架性的思路，他是“专业主义”的升级版。

第四，在决策的初级阶段，可以不用精雕细琢，但大方向必须是对的。

在做每一个日常或重大的决策之前，我们都要按照基本的框架展开思考：一、要知道自己想要什么（目标）；二、要搞清楚现实是什么情况（条件）；三、要找出从现实到目标的优化路径（决策）。

比如，萧亮有一天竟然约了一位异性去吃晚餐，而且计划对妻子隐瞒这件事。那么，他怎样才能顺利地吃完这顿晚餐，并且不会被妻子发现呢？这个决策就可以应用上面的框架来进行思考，制订他的行动计划。

萧亮和异性去吃晚餐，是要达到什么样的目标？一、如果是工作便餐，就要考虑经济实惠；二、如果是创造和异性独处聊天的氛围，就要考虑安静有格调；三、如果对方是重要客户，为展示合作诚意，就要考虑环境和菜品；四、如果是要展现自己的经济实力，就要考虑餐厅的档次。

萧亮要达到目标需要满足什么样的条件？一、晚餐的时间，餐费预算，以及出行方案，这些是客观限制条件；二、双方的关系，对方的口味偏好，餐厅的评价，这些是主观判断条件；三、如果选择了某一家餐厅，能否达到预期目标，这是对“决策—路径—目标”进行的客观评估。

萧亮怎样才能找出从现实到目标的优化路径？一、在确定了客观条件，并且对主观条件做出判断后，开始执行方案，给意向餐厅打电话；二、如果订位成功，则思考截止，准备赴约；三、如果订位不顺利，结合反馈的结果进行调整，重新选择餐厅，直到成功。

萧亮这场冒险的约会使用的三步决策是一个简化模型，也是可用性最高的模型。它既可简化思考，又可节省资源，干净利落地直奔目标。但是，真正将这个模型内化为清晰思考和快速决策的习惯，也没有想象中的那么容易。为了防止目标在这种三步走的思考下跑偏，还需要稳定明确的价值观、敏锐的判断力、强大的纠偏能力，也要学会给自己设定边界，明确哪些事情不能干。比如，萧亮得告诫自己不要有非分之想。

在应用这个框架来思考和决策时，还要给每条基本框架分别加上限制：一、不要听别人告诉你应该要什么；二、不要自我欺骗，要面对现实；三、不要苛求“最优路径”。

人的主观判断要尽量基于客观事实来进行分析决定，不要想当然地过度乐观，也不要把内心的想象当成既定的现实。“自己骗自己”的思想家到处都是，但一厢情愿的积极行动派是没有好果子吃的。在明确了现实条件和目标的要求后，为了实现目标，通常要面临多个选择，有很多路径可以设计。尤其在吃饭这种事情上，往往有十几种可选项。这时候怎么办呢？设计评级模式一个个打分评估？这样当然能找出数学层面的最优解，但又有什么意义呢？对于实现目标的效果未必有明显的帮助。

要知道，“精准决策”是为了帮助人们摆脱选择焦虑，如果因此又陷入完美主义的陷阱，那就没有意义了。

所以老张的做法看似玩世不恭，实则为自己减轻了决策负担，他不用每天面对选择焦虑，也不用纠缠于一些并不重要的细节。你可以向他学习，先给自己整理一个框架性的思路，不要求细节，关键是保证大方向的正确。在这个框架的基础上根据搜集的资料来完善思路，再逐步使决策接近精确——慢慢靠近，而不是一步到位。最终形成的方案不应该只是搜集资料得来的，而应该是根据具体的事项思考创新产生的智慧。在这个过程中，最重要的是头脑的联想、现实的应用和对细节的完善。

也许你会发现参考资料实在太多了，多到让人头疼。但问题的关键不是资料，而是你自己的思路、方向和决策原则。我的建议是，与其抽象地关注“决策方法”，不如尝试讨论具体的问题，解决行动的障碍，哪怕一个很小的障碍。例如，怎样成功地说服萧亮的妻子对他这次“胆大妄为”的行动“视而不见”，很显然这是一种现实困难。结果取决于萧亮的勇气、脸皮、膝盖的茧有多厚和说谎技巧有没有进步，但由此衍生的“信息量”也很有益。这件事告诉人们一个正确的决策所需的工作是复杂的，最重要的不是结论（要不要做这件事），而是论据（该不该做这件事），前者是动机，后者是方向。你要自己去分析、辨别，查找资料，站在宏观的角度对资料进行取舍，完善思路。不过，我并不建议你向萧亮学习，除非你还是单身。

只有经过反复讨论，我们才会发现自己的不足。能力需要在实践中检验，写在纸上的所谓的“能力”从来不是真实的，“能力”永远需要从实践中得出。从“完善思路”到“精准决策”的提升过程也是一个反复讨论的过程，和自己讨论，也和别人讨论，在讨论中能发现自己的不足，看到自身能力（思考力和决策力）的阈值。思维缺点、决策劣势、行动弱项、信息盲区，只有在这时候才会显现出来。许多人缺乏实践的机会，他们用侦探小说和智力题锻炼自己的思考能力和决策能力，虽然有一定的帮助，但实际作用非常有限，基本上就是一种耗时耗力并且舍本逐末的行为。真正要做的事是找到适合自己的思考体系，而不是遵循某些权威、专业网站提供的思考体系，它们并不适合普通人的“思考路径”。学习它们有可能成功，但也有失败的风险。

此外，对分析对象要有必要的了解，才能展开设计。对事物实现深度思考的基础是对分析的对象具有必要的了解，而不是一无所知。正确的决策路径可以增进人们对事物了解的深度，但并不能从根本上保证决策结果的正确性。也就是说，决策之前，信息的搜集和分析非常重要，它们能帮你设定一个正确的“世界观”，否则你会很容易得出一个看似正确却十分可笑的结论。

05 聚焦，专注并服务于当下

| 为何人们在看书或思考时，总是无法聚焦到事情本身，而是被其他信息所困扰？ |

贪心猴的故事

有一只猴子住在森林里，一天它肚子饿了，便跑到森林外面。一开始它遇到的是一片玉米地，里面的玉米非常大，猴子特别高兴，掰了很多玉米棒子抱在怀中。它往前走，见到一片绿油油的西瓜地，它看到大大的西瓜，马上将手里的玉米全扔了，抱起一个大西瓜继续往前走。走着走着，它来到了一片花丛前，花比西瓜还香，花朵也很美丽，它又丢掉了西瓜，摘了满满一大把鲜花。开心的猴子又往前走了一段，发现身边围满了蝴蝶，它便马上将花丢掉，想抓几只蝴蝶。可是蝴蝶飞来飞去，它一只也抓不着。这时天黑了，它只好两手空空地回到森林里，继续饿肚子。

猴子到森林外面本是为了解决腹中饥饿的问题，这是一个正确决策，是一个明确的目标，实施的难度也不大，只要它能找着食物填饱肚子就可以了。但是为什么它会捡起西瓜丢掉了玉米，看见蝴蝶又丢掉了花朵，最终什么也没得到呢？

原因很简单，这只猴子忘了自己的初心只是充饥。它虽然做出了正确的决策，在行动的过程中却被贪婪的本性转移了注意力，开始关注其他目标。可以说，这只贪心猴的行为正是大部分人的日常表现。他们的生活是被一个又一个的贪心牵着走的。

为什么聚焦的能力如此罕有

为何人们在看书或思考问题时，总是无法聚焦到事情本身，而是被其他信息所困扰？因为在信息时代中，移动互联网在带来便捷的生活和工作体验的同时，也在不自觉地撕碎人们的时间、计划和专注的意识，人们现在已经不清楚自己是否“正在专注”了，或许人们早就失去了聚焦思考的能力。

有一位聪明而又愚蠢的投资者钱四。“钱四”是个化名，之所以不用真名是为了避免他本人在看到这本书后会因情绪激动而深夜打电话过来通知我，他对“我在书中揭他的伤疤”这件事感到万分愤怒，同时又期待我对他的投资计划提出建议。我十分反感这种自己明明有主见却仍然假装谦虚地邀请别人替他做决定的行为。钱四是一个非常专业的投资者。他大脑中关于决策的部分可以在全世界排进前 100 名，说起市场走势来头头是道，这丝毫没有吹嘘。此外，他大脑中关于行动的部分也一定能进世界前 10。这正是今天市场上的“专业投资者”们共同的特质。

从我认识他的那一天开始，他就在投资股票和基金，他以投资为生。后来他读了巴菲特有关价值投资的书，宣称为了让自己专注起来，他会卖掉所有的基金，专心投资股票。在我看来，专注是一个蹩脚的借口，学习巴菲特也只是一个幌子。他是嫌基金的收益太低了，不如股票收益高。

钱四分析说：“市场看低实体经济，说明相关的股票是未来的风口，完全可以抄底。我有几个不错的目标，重仓买入，未来等着发财即可。”在钱四的操作策略中，将大部分资金放到 4 ~ 6 只他经过认真调研的股票中，等待 6 ~ 10 个月的时间，收益率将不低于 25%。这比全球绝大多数的投行收益率都高。他选中的买入行业有制造业、矿业、汽车业和金融业，那时这些行业正处于价格低迷期，没人关注。不过他向来眼光独到，始终认为这是一个好主意。于是他买了越来越多的股票，隔几天便对新的公司、行业产生兴趣。几个月后，他早已忘记了最初的计划，整个大盘剧烈下跌时，他持有的436只股票亏得一塌糊涂。

仔细分析钱四的投资史，会看到几个显著的特点。

第一，买入股票的数量从4只到436只，他的专注度被新信息冲散，乃至忘了自己原来想干什么。

第二，人们有聚焦的思维，但缺乏长期坚持的毅力。这是一个重要问题。

第三，执着于当下的目标对经过刻意训练的人来说，也是异常困难的。持续的聚焦能力不仅是天赋，也是可遇不可求的能力。

很多人和钱四一样，用愚蠢的行动毁掉了自己的英明决策。注意力涣散是人的本性，长期对一个目标聚焦是一件很困难的事情。男性读者如果有陪女性逛街的经历，一定深有体会。陪女性逛街的前30分钟是兴奋和专注的，但30分钟之后你就会感到无趣和乏味，精力开始分散，大脑开始走神，你从逛街想到了球赛，从电影院想到了游戏，从服装店想到了家里的沙发。再过30分钟，如果她仍然兴致盎然地继续逛下去，你很有可能会抱怨个不停。男性不用视此为缺点，也不用羞愧，因为女性也有使她们耐不住性子的东西，比如陪男性观看拳击比赛的直播。总而言之，让人在一件事情上保持长时间的专注是一项艰巨的任务。

为何聚焦的能力如此罕有？长时间聚焦和坚持正确思路的难点及解决方案是什么？

第一，不要强求自己一定要达到某种境界。千万不要以为你一定能做到，你我都不是扎克伯格或巴菲特。我们需要开发自身能力的上限，但最好别对大脑抱有不切实际的幻想。

第二，避免枯燥的工作环境。和嘈杂的环境相似，枯燥和单调也能削弱人的专注度。如果你感到心神涣散，可以听一曲舒缓的音乐平静一下。

第三，阶段性地总结成果，用一个又一个成果加强聚焦力。不要妄想坚持到最后再检查验收全部的成果，你可能高估了自己的耐心和承受力。制订一个阶段性计划，每隔一段时间便去验收成果，进行自我激励和打气。当你想分散精力，或被新的信息吸引时，成果是大脑最好的兴奋剂。

叠加思维

有些东西是注定无法改变的，比如出身；但有些事情能够自行选择，比如专注。许多事情刚开始做时不一定能取得成绩，例如可口可乐公司第一年只卖了 25 瓶饮料，市场给出的答案是否定的，销售数据显示未来的几年也不怎么乐观。假如可口可乐公司的管理层认为可乐没有市场，急功近利地换成其他产品，其品牌也许就永远被埋藏于时代的洪流之中了。换言之，站在长远和动态的角度看，专注是一切事物成长的基本动力。不专注，就没有机会强大起来。

专注度决定着人的思考深度。积累方能出成绩，专注也具有叠加的力量——随着时间的积累和资源的不断投入，将一件事情坚持下去的效果会形成“滚雪球效应”。就像读书一样，读几页一般没什么收获；单独拿一章出来也可能感触不大，甚至略感无趣；但当你专注地将整本书读完时，便会获益匪浅。思考要坚持初心，决策和行动也要不忘初心。

本章说明的是养成深度思考的五大步骤：第一，搜集资料，为自己深度思考的开始夯实基础；第二，归纳思路，建立自己的思维模式，不要过于依赖搜索引擎，而要学会独立思考；第三，创建思维导图，防止自己在思考的过程中越走越远，越走越偏；第四，提升自己的综合素质，在前三步完成之后，要提升自己的思考效率；第五，聚焦——唯有专注，我们才能真正地解决问题，解决令人苦恼的困惑。

第七章

深度思考养成第六步：反馈

01 跟踪，永远不要偏离主要目标

02 整修，查补执行漏洞，让下一步的思考更完善

03 攀登，用不断的小胜，累积成最后的大胜

04 归零，紧抓本质，让思考“更少但更好”

01 跟踪，永远不要偏离主要目标

| 行动偏离目标十分常见，没必要耿耿于怀，但要形成“跟踪检查执行效果”的习惯。|

第二次世界大战期间，英军上校尼克森带领的部队于 1943 年被日军击败，他和士兵沦为日军的战俘。要知道成为日军的战俘是异常悲惨的，随时都有被杀死或饿死的可能。为了改善同胞的待遇，尼克森无奈地答应了日军的要求，带领战俘修建泰国西部地区的一座桂河大桥，以换取优待，比如取消体罚、不再随意杀害战俘、足量供应食物、提供必要的医疗等。作为一名优秀的军人，尼克森做事严肃认真，他和战俘仅用了三个月就修建好了桂河大桥。

你以为这是一个感人的励志故事？不，它其实是一起目标与行动偏离的“认知悲剧”。 大桥建成之后，尼克森和部下悉心守护这座由他们亲手完成的宏伟工程。于是，当他后来接到英国方面发来的“炸毁大桥”的指令时，他产生了强烈的抵触情绪：“我为什么要摧毁自己亲手创造的成果？”当他最终意识到事态的严重性时——桂河大桥开通后，日军源源不断地将物资和装备运送到前线——才如梦初醒地说：“我这个笨蛋都做了些什么啊？”他差点背叛了理想与国家。

尼克森上校当了战俘后，非常专注地完成了日军交给自己的任务——建桥和护桥，却忘记了他作为英国军人参加这次战争的目标是赢得反法西斯战争的胜利。不得不说，尼克森今天的行动和他当初的目标之间发生了天翻地覆的偏离。如果不是及时醒悟，尼克森就不自觉地站在了盟军的对立面，其所作所为就是在帮助法西斯军队，背叛了自己的同胞。

如果缺乏及时的信息反馈，人就会朝着错误的方向继续行进，非但实现不了目标，反而还会与自己当初的决策背道而驰。你为此付出得越多，偏离就越大；之前的思考有多正确，现在的行为就有多错误。没有反馈和修正，不但可能做无用功，而且可能会起负面作用。

偏离目标是一种常见现象

实际行动偏离正确目标的现象在日常工作和生活中十分常见。我认识一位勤勤恳恳努力工作的朋友 W，他也是“怀着正确目标去做错事”的典型。W 毕业于上海复旦大学，后来又到美国普林斯顿大学深造，是普林斯顿大学的精英学子组建的“狼俱乐部”的会员。这个俱乐部一听就是要干大事的。W 给自己制订的人生目标是用高学历获得高起点，先进入大公司工作，在积累一定的人脉和经验、拥有一定的积蓄后再出来创业，创立自己的科技公司，就像李彦宏等人那样获得成功。

计划的前半段执行顺利，他在硅谷每天加班加点地努力工作，不断升职加薪，积累了丰富的经验，也有了丰厚的存款，最重要的是结交了很多有实力的朋友。他成了有钱又有能力的业界新贵，前途一片大好。然后他结婚了，进入了计划的后半段。由于工作过于繁忙，W 没有时间陪伴妻子，只能冷落佳人，公司和家虽相隔仅 20 英里，两人却过着周末夫妻的生活，有时甚至一个月都见不了一次。就在他即将迈出创业的步伐时，婚姻发生了触礁事故。接下来，他又经历了两段婚姻，都以分手告终。他离了三次婚，分了三次财产，导致积蓄迅速缩水，他的创业计划也随之夭折。现在 12 年过去了，W 仍然没有足够的钱启动创业项目，他的雄心壮志也化为泡影。他处理不好自己的感情生活，没人愿意投钱给一个婚姻经常出问题的创业者。

人们会因为各种原因偏离自己初始的工作目标。比如，受到外界因素影响时、有情感因素介入时、过于忙碌而无暇总结时、行动遇挫而感到困惑时，都会步履仓皇地走错方向。当你的行动路径完全偏离目标后，不仅行动徒劳无功，还可能对自己人生其他的许多领域产生惊人的破坏力，最明显的后果是自我怀疑——你不再相信自己能做好计划中的事情。

为了防止这种情况发生，我们需要做到以下三点。

第一，决策和行动的过程很重要，但结果更重要，因为结果是验证思考的唯一标准。

第二，行动偏离目标十分常见，没必要耿耿于怀，但要形成“跟踪检查执行效果”的习惯。

第三，制订“跟踪计划”，最好的办法是定期和阶段性地进行总结，为此可以设立执行清单，记录和检查行动与目标的一致性。

人类活动最理想的结果莫过于达成自己的目标。那些拥有深度思考能力的人在做事之前非常清楚自己的目标，和大部分人一样，他们之所以总能沿着正确的方向前进，实现自身的价值和梦想，是因为在前进的同时执行了一份“跟踪计划”。这份计划对现实具有优秀的反馈能力。在实现目标的过程中，人们必然时常被一些意外因素干扰，以致中途偏离了原来的轨道，与最初的目标渐行渐远，甚至南辕北辙。“跟踪计划”的作用就在于及时调整方向盘，在耗光精力之前，让跑偏的车开回正确的轨道。

确保行动和目标的一致性

在执行“跟踪计划”的过程中，如何真正确保行动和目标的一致性？无论工作有多么繁忙，你在抽出时间检查过去一个周期的成果时，都要认真思考一个问题：“我目前的行动和目标是一致的吗？”要反复地质问自己这个问题，直到得出一个“最接近真实的答案”。因为大脑有逃避现实的习惯，人在判断出现失误时大脑会潜意识地想遮掩过去，即便是与自己内心的对话，大脑也会存在侥幸心理。所以，需要反复询问自己，并且用事实论证分析，来说服大脑面对现实。

当行动与目标已经发生偏离时，无论事情已发展到哪个阶段，你都还有机会及时调整方向，除非放弃“治疗”。另一种情况，如果你从不检查自己的行动路线，只是一味地埋首工作，并以“忙得要死”来自我感动，就会在偏离最初制订的目标之后，发现自己这一路走来所做的不过是大脑给自己导演的一场戏而已。你偏离目标的勤奋和努力没有改变什么，给自己留下的只有失望与挫败。

行动中的“干扰”时时存在，不可避免。例如，你在阅读本书时，被电视剧、体育比赛、朋友聚会等意外事项打断并分散了注意力，然后就忘了今天的目标其实是读完本书，而不是做其他活动。你大概在连夜写工作汇报、做演示文稿文件、执行月度计划、求职面试时都会遇到相似的情况，总有些其他信息亲热地靠拢过来，诱惑你改变现在的方向：

“休息吧，明天再写。”或者：“这个领域的工作不好找，换个方向不好吗？”然而，我们要知道，在向既定目标进发时，只有抵制住外界的诱惑，排除这些干扰，才能坚定不移地完成任务，兑现你辛苦思考得来的成果。但如果你的信念不够坚定，就可能被这些干扰信息转移注意力，忘记了自己的初衷，稀里糊涂地跳到另一条轨道上去。

排除干扰需要两种方法，一种是重复抽离的步骤（详情请见第三章），将无关和有害信息抽离出去；另一种是意志力。你一定要有坚定的意志力，尽管意志力像寄居在窗台的猫一样来去不定，难以把控，但我们仍要坚持训练意志力，直到足以抵制所有的诱惑，排除各种不利的干扰因素。人很难一直做到坚定不移，但起码要保证在一个行动周期内是相对认真和顽强的，不要轻易放弃要做的事情。

将目标具体化并及时纠正

相比过去，如何才能让自己有更为清晰可见的目标感？

第一，把宏伟目标细化为若干个子目标。不要嫌它们过于琐碎，每一个子目标都要具体化和清晰化，并且能够用数据量化管理。这样做的目的是让你对执行效果一目了然，降低行动脱离根本目标的风险。因为数据是最容易跟踪的。

第二，行动路径一旦与目标出现偏离，便立刻纠正。人们常犯的一个错误是“感觉不到小失误所蕴藏的巨大危害”，对于中间微小的偏离不以为意，当出现大的偏离时其势已成，你已无能为力。因此，当自己所做的工作与目标相悖时，哪怕是很小的偏差，也要立刻采取措施把它修正过来。“不让问题过夜”是纠正偏离的基本原则。

02 整修，查补执行漏洞，让下一步的思考更完善

| 一定要拥有对失策和行动的整修策略，时刻查补行动中的问题，完善思考路径，对错误的规划和行动踩下刹车。 |

如果行动力没有问题，错的是决策，该怎么办？如果思考本身有误，执行也一定会出现问题。这会是一个让人难以接受的失误，因而也更值得重视。现实中许多人都有一个明显的特点：走一步看一步，对于未来的目标和下一步的行动均缺乏规划。他们对于事物的思考虎头蛇尾，准备不足，执行起来也往往是三分钟热度，欠缺持续到底的原始动力。这导致了许多人会出现第一天还是干劲十足，第二天就已偃旗息鼓的现象。但更严重的后果还在后面，人们往往走到最后才发现，自己过去几个月甚至几年来的思路其实是错误的。努力了这么久，付出了这么多，最后发现结果不是自己想要的——现在的你竟然是过去的你所讨厌的。这种

现象是普遍存在的。

假如自媒体工作者 L 对他的事业没有规划，他可能今天写点趣闻逸事，明天写点广告文案，始终没有一个明确的自媒体经营目标。接下来会发生什么呢？那就是想到哪儿做到哪儿，上个月粉丝增加了 500 个，这个月却下降了 1000 个，如果连续几个月粉丝数量都在下降，这个数据信息反馈回来，可能就会引起他的焦虑和挫败感。也许再过几个月，他会痛定思痛去某个公司找一份朝九晚五的工作，走上另一条人生之路；也许他还会继续经营着自媒体，每天看着粉丝数量不断减少而焦躁不安。这种生活不是他想要的，但他仍没有根据反馈的信息调整自己的经营策略。

因此，一定要拥有对决策和行动的整修策略，时刻查补行动中的问题，完善思考路径，对错误的规划和行动踩下刹车。自媒体工作者 L 的例子是一种推向极限的分析方式，我们从中可以看到：缺乏规划会让人不清楚后面的行动步骤，规划有误则让人对任何短暂的挫折感到忧虑。你的动机可能是好的，出发点正确，却没有一个正确可行的方案，以致做事虎头蛇尾，没有办法将整个计划贯彻完成。同时，我们要学会反思，找到是什么导致我们努力得到的成果和预期目标出现了偏差，并及时纠正我们的错误。

问题一：是压力导致了失误吗

压力往往是多方面的，有社会、环境、工作、生活、政策等外部因素造成的种种压力，也有人们自己内部的压力，例如精力、情感、财务压力、过劳工作等。现今社会人人都在承受压力，压力越大，思考难度越高，决策和行动的失误率也会越高。

整修和查补策略：压力无法消除，但你可以对症下药，减轻这些压力对自己决策、执行的影响。比如，在压力过大时避免做重大的决策，将难度较大的工作安排到自己状态最好的时候处理。同时，分析压力的根源，适当减轻压力，尽量让自己过一种轻松的生活。

问题二：是你的个人因素导致了误判吗

每个人的性格、情绪控制力都存在或大或小的差异。有的人意志力强大，不管发生什么事都能不动如山；有的人则敏感脆弱，一点风吹草动便可能让他举止失措。个人对压力的敏感性和对情绪的不适应度，都会影响思考、决策与行动，最终体现到执行力上。越是优秀的人越擅长情绪管理，他们能十分冷静地对待人生的起伏，不被简单的得失干扰自己后续的判断。

整修和查补策略：虽然人不能彻底地改造自己的性格，但可以有效地控制负面情绪，并对自己的性格进行某种程度的优化。你可以写下一份情绪清单，记录统计自己的负面情绪，然后进行专项练习，循序渐进地矫正，发挥自己的性格优势，扬长避短。

问题三：是环境因素导致了执行偏离吗

人是社会性动物，也是团队生存的典范，环境因素对人的思考、决策和行动力的影响是巨大的。有句话说："环境影响着命运。"如果你从同事、亲人以及其他地方获得的精神、信息和物质支持的程度不足，执行也可能出问题，甚至从决策阶段就会犯错。比如同事给你的数据错误（有意或无意的）导致你计划出错，进而使行动失败，实现不了目标，这是十分常见的事。

整修和查补策略：虽然无力改变环境，但你能强化自己搜集信息、获取资源的能力，增强对环境的了解。在前面我讲过一些定义、搜集、筛选和分析信息的原则，这些原则能帮你避开环境设置的逻辑陷阱，表现得比别人"更聪明"一些。

问题四：是信心下降导致了执行无力吗

信心是一种“不确定资源”，它体现了人们从小到大从无数的成功、失败、困惑、反思中建立起来的应对各种问题的主动性和取得胜利的“乐观指数”。信心充足时人们敢于挑战困难，信心下降时则容易畏首畏尾。有的人做事一开始时气势如虹，颇有一种改天换地的气魄，可随着时间的推移他们就慢慢地疲软下来了。这种情况的出现除了能力不足，还有信心下降的原因。在严重缺乏信心时，我们可能连思考的兴趣也没有了。

整修和查补策略：重振信心的秘诀在于从过去的成绩中提取体系化的经验，给自己强烈的正面反馈。比如，我很擅长做销售，我是市场策划的高手，我在写作上有非凡天赋，我擅长财务审计，我是家庭的顶梁柱……用源源不断的正面反馈刺激和激励自己，让信心尽可能保持下去。

问题五：是技能欠缺导致了行动偏差吗

技能包括人们从自己的经历和周围环境中学到的各种行动技巧，以及解决问题的思维能力。根据哈佛商学院的统计，工作中有 67% 的计划功亏一篑是由于执行者的能力不足，而不是计划有误。工作技能的欠缺让这些人即使深思熟虑、计划周密也很难有一个好的结果。这个问题既广泛又具代表性，但是除了实质性地提高工作技能外，并无其他解决方法。

整修和查补策略：除非你准备降低计划的难度，调整你的思考和决策，否则只能理性地评估自己的能力上限，检查和罗列一张“补习清单”，根据清单把相关的能力提升上去。比如，从事财务工作的人需要学习财务知识；投资理财者需要了解市场规律，学习各种理财产品的投资规则等。这样，等你真正去做一件事时，执行漏洞便少了很多，正面反馈也会增加。

03 攀登，用不断的小胜，累积成最后的大胜

| 方向对了，坚持不懈地一步步获取小胜，量变终究会引起质变，达到大胜的目标。|

华尔街几十年的老操盘手威廉 2016 年宣布退休，他在自己的职业生涯中辗转十几家投行，最多操作过 4 亿美元的基金，为老板创造了 2 亿美元的收益，他自己也赚了 3000 万美元。退休后的威廉开始写回忆录。他说："一个投机主义者是不会分析自己的成败得失的，他总是相信手气而不是数据，尽管数据会告诉他一些黑色经验，提醒他前面的危险，但他并不会真的在乎这些。事实上，顽固的理想主义者在本质上也是投机主义者。"

威廉的最后一句话让我想起创业者 C 和他的商业计划书，还有他对投资人的愤慨。无论在专业和并不专业的投资人面前听到多么坚决的否定，创业者 C 都从未动摇过半分。他坚持要做好一个项目，坚信总

有一个机构愿意拿出真金白银，支持他的宏伟蓝图。我有一万个理由相信他有变成下一个扎克伯格、雷军或马云等商业精英的潜质，他身上有任何一个商业大佬的影子。但这改变不了他从头到尾散发出的浓烈的“理想主义投机者”的气质。威廉想说的是，一颗股市赌徒的脑袋和一颗理想主义创业者的脑袋在本质上是相同的，凡是“十分认真地赌手气”的行为都是投机主义。

从股市回到人生的投机分子是如何对待生活的？他们会反省“当年我是跆拳道冠军，如今却被小蟊贼打败”这样的问题？还是像威廉一样感觉自己做的事情不过如此？投机主义者与失败的创业者的思考模式几乎一模一样，他们不会思考失败的原因，而且他们也从不低头看路。讨论这个问题的意义在于，你能否在不断地自省与反馈中提升自己的人生段位，让每一天都比昨天更进步。但是投机者从来不屑“专注于每一天”这样的命题，投机式的思考追求的是一次惊天动地、万人膜拜的大胜，而不是默默地成长。

聪明人死于“不专注”

萧亮有时候发现自己也是一个做事不够专注的人，他和股市的投机分子一样喜欢追求大胜，意图让自己的目标一蹴而就，而不愿耐心地等待它在夜以继日的浇灌下开出芳香之花。萧亮有时候又觉得自己过于专一，因为 20 年来他做的都是同一门生意，哪怕赔得要当裤子了也从来没想过改行。他非常虔诚地对待自己的工作，与客户沟通，耐心地听取他们的心声，研究各种人的心理，再为他们制订策略。这是他的拿手好戏，他在时间的流逝中不断增强自己的能力，如今赚到了不少钱。

作为一个“真正的聪明人”，你的所作所为应该不同于那些大众眼中看起来很聪明的强者，你该如何保持自己的思维优势，并且将思考的成果兑换为真实的竞争优势呢？答案其实很简单：专注。尽管只有两个字，做起来却很难，因为专注是反人性的。人性本就活泼好动，天然喜欢广撒思维的种子，对一切有趣好玩的东西有源源不断的好奇心。但不幸的是，凡是需要专注的东西一点都不好玩，比如写作业、研究数字、练习 1000 次排球扣杀。

许多聪明人的缺点是不专注。越是聪明人，他的眼界就越开阔，机会也就越多。聪明人总是这样的，他们头脑灵活，善于见缝插针。但这种局面总会让他陷于非常倒霉的境地：由于他的机会很多，脑瓜好使，略一投入就小有成就，赚钱也很容易，所以他觉得自己很厉害，做事便不专注起来。相当一部分聪明人的行事都符合这个规律。于是，这些人和“专注顽固的笨蛋”竞争到两年时，聪明人自然是赢家。他们是短跑能手。但竞争到 10 年时，你就会看到死在路上成为垫脚石的大都是不专注的聪明人，那些“专注顽固的笨蛋”还活着，而且慢慢地跑到了前面。

你要坚持在擅长的领域做对的事。这句话的关键点有两个：一个是“擅长的领域”，另一个是“对的事”。在今天这个社会，只要你愿意花时间打磨一种技能（擅长做什么），开发自己的思维优点（擅长想什么），就会拥有属于自己的领域。如果能沉下心在这个领域持续做下去，不断地积累微小的优势，那么你终将成为这个领域的高手，做好“对的事”。这就是专注的力量。道理很简单，但为什么 99% 的人做不好呢？因为投机会使人一有机会就蠢蠢欲动。所以要坚决地抵制内心妄图投机的冲动——这种冲动会不定时地跳出来“挠你的大脑，吹你的心口”。与这些诱惑长期作战，坚持只在擅长的领域做“对的事”，你就能获得成功。

方向正确，小胜才能变成大胜

阿里巴巴刚成立时，马云手下只有三个人，他拥有的是一家小公司，和今天千千万万个创业者没什么两样。他从创立中国黄页起步，到创立阿里巴巴网站、淘宝网、支付宝、蚂蚁金服，每迈出一步在当时看来都是艰难并充满争议的。但这条奋斗之路走出来后，人们豁然发觉，马云已经组建了一个伟大的团队，建立了一个庞大的商业帝国，并且形成了完整的商业生态。从商业的角度来看，这是一个攀登的过程；从思考的角度来看，这是一张不断深入并延伸的智慧之网。一个人拥有了这种能力，就等于拿到了通向成功的通行证，想不成功都难。

成功者最大的底牌就是专注。专注能让你立于不败之地，然后再一点点积累优势，持续迭代成长——无数的小进步相加，汇集成大进步。近些年来，不断有人问什么是成功，我的回答是："成功是聪明人用笨功夫结出的果实。"

记住这句话很容易，但是想用"笨功夫"来实现自己的迭代成长有一个基本前提——你为自己选择的方向是正确的。本书不止一次地讨论到"方向"，方向有两个含义：一、你所做的事情是你擅长的，这是你的地盘，你的领域；二、你所做的事情符合规律，你正在顺势而为，而不是逆风行船。这两条缺一不可。方向对了，坚持不懈地一步步获取小胜，量变终究会引起质变，达到大胜的目标。但只要有一条不具备，难度就会上升成千上万个等级，即使拥有再强的思考和行动力也很难顺利地实现目标。这就是为什么许多人虽然奋斗拼搏了几十年，小胜不断，却无法登上顶峰——因为他的方向有误，支持他取得较大成果的因素并不充分，而他自己并不清楚这一点。

04 归零，紧抓本质，让思考“更少但更好”

与其拿出全部的精力投入一个领域 100% 的要素中，不如用 80% 的精力来学习其中 20% 的精华，抓住它的本质，处理好它的核心要素。这是实现“更少但更好”的最佳策略。

先来设想一个情景，你现在非常想学习天文学的知识，觉得天天看月亮、数星星远远不能满足自己对宇宙的景仰，你会怎么做？在习惯的驱使下，人们首先会去寻找有关天文学的书籍。网上商城里的天文学书籍到处都是：有国外的、国内的；有英文版和中文版的；有晦涩难懂的，也有通俗易懂的；种类齐全。你费尽心思，精挑细选，花了几个小时终于相中了 20 本，放进购物车，把它们全部买了回来。收到书之后，你满意地把它们摆到书架上，好像自己已经是天文学家了。但你后来发现看书太累了，而且你的房间有这么多书，自己却毫无天文学基础，根本不知道先看哪一本，还不如去看那些专注于普及天文学的微信公众号，或者报名参加一些天文俱乐部，买个望远镜去看银河。

然而这么考虑一段时间后你又发现，现在关于天文学的微信公众号实在是太多了，你压根儿不知从哪儿入手，读书和俱乐部的形式对于掌握这个领域的知识好像帮助都不大，你离有所成就还是很遥远。于是，你开始迷茫："这么多东西我什么时候才能学完呢？"然后，你脑海中就响起了另一个声音，"不对，一定是因为我不懂得分配自己的时间和精力，如果我学习了时间管理和精力管理，我一定可以迅速地实现目标。"

最后的结果显而易见，你选择放弃学习天文学，而是报名参加了时间管理和精力管理的培训班。因为这个跨度有点大，所以从这些培训班毕业时，你对天文学已经毫无兴趣了，连中秋夜的月亮都懒得看一眼。我们时常走着走着，便忘记了来时的路，最后不知道自己想要什么。这是很多人学习、工作和生活的现状。但你对这个状态并没有什么不满，因为你会努力向别人解释，告诉人们自己这么做是有道理的。当朋友过一段时间再去你家的时候，发现你又开始研究金融，想成为"金融达人"。这是不是很熟悉的一幕？

如今，我们处在一个机会更多而成功概率却更小的世界。这个世界处处有机会，也处处有竞争。在一个处处有竞争的环境中，我们需要做到的不是拥有全面的能力，让自己样样精通，而是专注于提高自己的核心竞争力。

第一，你拥有哪一种“非我不可”的优势能力（做得最好）？

第二，你能否迅速抓住事物的本质（思考最精确）？

第三，你有没有一种低成本、高效率的思考和行动力（投入产出比最高）？

当社会资源无比丰富时，思考和选择的能力比执行力更为重要。但从另一个角度分析，你又可以看到，控制思考和执行成本的能力才是一种竞争的“核武器”。你读了哪些书、认识哪些人、有什么背景、想做什么事，这些都不是重点，它们虽然重要却不是核心问题。关键是你能否高效率地深度分析这个世界，比别人更快地看透本质、抓住本质，采取准确、直接和决定性的行动。

如何做到“更少但更好”

在上文学习天文知识的例子中，你遇到的问题，全都指向同一种能力——用深度思考做出选择的战略能力，即一定要找到并且实现那一条让我们“思考得更少但效果更好”的路径。

许多与思维有关的书、头衔漂亮的专家都会向你灌输“专业”和“精通”的成功法则，但本书希望你明白的是，你不用将这两顶帽子死死地戴在头上，强迫自己在某一个领域必须做到 100 分，然后再去了解别的事物。这样的话，你永远也赶不上时代狂奔的速度，也很难在一个特定的平台和情景中拥有犀利、超前的思考能力。我的建议是，与其拿出全部的精力投入一个领域 100% 的要素中，不如用 80% 的精力来学习其中 20% 的精华，抓住它的本质，处理好它的核心要素。这是实现“更少但更好”的最佳策略。除非你天赋异禀，拥有和爱因斯坦同一型号的大脑，否则不要押上你全部的赌注。

回到你想成为“天文达人”的故事。现在看来，你并不需要急于对自己的时间管理和精力管理方面的弱点表示失望，完全可以先通过互联网搜索引擎、在线书店等搜索渠道归纳天文学最精华的 20% 的内容，再用买来的 20 本书慢慢地填充自己在这方面的知识漏洞，有序地阅读它们。在这个知识补漏的过程中，一边读书一边做笔记，为自己的天文学学习之旅做一张清晰的思维导图，整理成清单。这个过程走下来，你可以在最短的时间内清楚自己学习了哪些天文学知识，还有哪些不足，下一步应该怎么办。久而久之，你便会成为自己所在的圈子里最懂天文学的人之一。

抢占首位，紧抓重点

世界第一高峰是珠穆朗玛峰，第二高峰是乔戈里峰，后者仅比珠穆朗玛峰低了 200 多米。但大多数人只记住了珠穆朗玛峰，知道乔戈里峰是世界第二高峰的人少之又少。这就说明了抢占首位、紧抓重点的重要性。首位既是事物的核心要素，也是人们日常关注的焦点，是改变事物的根本性力量。

抢占首位，就是做高价值和高优势的事。这是由社会和自然这两大系统的特点决定的，凡是系统、群体、组织性的东西都有其不可替代的重点与决定性的核心要素，只要能够持续地抓住重点与核心要素，就实现了抢占首位的目标，找到了对事物进行深度与高效思考的钥匙，就能做好高价值与高优势的事。这正是提升思考能力的最终目的。

了解规律，才能更好地思考。事物的本质是什么？怎么定义“本质”这个词？面对未知的事物又该如何解析？阅读完本书后，你对这三个问题就不会再感到懵懂了。顶级的思考高手之所以顶级，并不是因为他们比你努力，而是他们比你更懂这个世界的运转规律，比你更理解这个社会的基本逻辑。他们处理问题时能够返璞归真，化繁为简。如果你能向他们靠近，拥有这种能力，也可以实现自己的思维跃进，让自己对事物有更好的思考，切实地改善自己的生活和工作。

尾　章

培养深度思考的 100 个方法

1
坚持以目标为导向的思考

每一天都要设置一个小目标，还要有坚定明确的长远目标，把它分解并分配到每一个小时，让它们引导思考。每天必须要做的事就是处理好计划表上的那些重要但不紧急的工作，思考如何按时解决它们。其中大部分是浅思考模式可以应对的。对于未来人生的发展有重大影响或者足以决定未来方向的事项，要分配到所有计划中最优先的位置。当你发现这样的事项时，就要对它们进行重点的深度思考。

2
可控时间非常重要

因为深度思考的保障来自可控时间，时间不可控，思考便无法集中和深入，只能屈就于浅思考。什么是可控时间？除去工作、吃饭、睡觉和娱乐外，一天中余下的可以自由分配的“自我思考”时间，即可控时间。这段时间因人而异，有的人在清晨，有的人在深夜。总之，必须要有一段固定的完全属于自己的可控时间，保证思考的时间和质量。

3
不要指望用灵感解决问题

当然可以去期待灵感的出现，就像烧香祈祷神灵，但要明白灵感产生的基础不是天赋，而是每天足时足量的辛勤付出，是长时间正确思考的积累，是知识体系趋于完善的结果。天上不掉馅饼，上帝也从不用灵感打赏人。思考的成效，与平时的付出成正比，没有捷径可走。

4
向真正的专家学习

除了埋头苦干，负重前行，向社会精英学习也是非常有必要的。这能让你掌握一些高效解决问题的方法，少走很多弯路，而不是像大部分人那样每日忙碌着“假装在解决问题”。真正的专家，他们的时间很贵，绝不经常抛头露面，所以不要相信那些全国飞来飞去、四处开课演讲、以“当专家”为生的家伙。

5
如何才能真正地独立思考

不要把道听途说的答案当成自己的答案，也不要把别人的思想当作自己的思想。独立思考不是求之于外，而是求之于内，要通过自己的理解得出答案，外界的信息只能作为参考。

6
对事物多层次理解和多层次分析

培养深度思考的过程即多层次理解、多层次分析的过程。“多层次”是指看待一件事物的不同角度，每一层次的理解与分析都可能得出不一样的结论。综合所有的层次思考事物，才能获得较为真实的观点。

7
深度思考需要慢而不是快

古人说“静定生慧”，思考需要静，不需要躁。互联网的发展让人们认为思考的速度越快越好，越快越节省时间。其实这是一种错误的认知。当人们变得越来越浮躁时，思考也就变得越来越肤浅，这已成为“浅思考”的普遍现象。在又快又浅的思考模式中，你学到的知识越广泛，就离真正的智慧越远。如果你不能克制浮躁和冲动，沉下心来深思熟虑，就很难培养出冷静透彻的思考能力，只能人云亦云。

8
学会内化思考

将大家的外在输出接纳并转化为自己的内在思考，即你能够将知识、信息、问题、思考等以自己的语言表述出来，形成自己的观点，而不是只能照本宣科地复述别人的思想。

9
创造新的思考体系

善于思考的人总能别出心裁、自成体系，具体表现为个人对于新概念、新思想的开创，使其内在智慧迸发，从追求知识转化为传播知识，使思考升华。人类能一步步发展到今天这样高度文明的地步，无不仰仗于无数伟人的思考及其思想的精髓。

10
拥有活跃的、多元开放的创新思维

遇到的问题越复杂，制订的目标越高，需要思考的层次就越深，花费的时间就越长，进而付出的成本也就越大。这要求我们必须拥有活跃的、多元开放的创新思维，用创新方式思考问题，用创新方式设计路径，用创新方式去执行、反馈、检查和修正。创新思维越强，思考就越透彻。

11
学会自己提出问题

“问题”是发起任何思考的起点，深度思考就是从质疑性的提问、求知性的提问、探索性的提问、好奇性的提问等无数的提问开始的。一个又一个具有针对性的问题会帮助你发现真实的答案，提高自己的思考能力。

12
用 80% 的时间学习 20% 的精华

优秀的思考要达成“思考投入和思考产出的非线性”效果。拿出 80% 的时间去学习 20% 的精华，用 80% 的精力去处理 20% 的核心信息，搜集最好的思考资源，汲取智慧，方能达成以上效果。

13
每一件事都要抓住重点

信息分布的特征是高度的“不平均”和“分情形”。我们每日面临的任务也是如此，有着不特定、不平均的优先顺序。这意味着每一件事都要懂得抓住重点，而且是持续抓取。也就是要抢占高价值任务的头部，重点思考和解决这些事项，实现思考与行动的高效结合。

14
专注是思维顶级高手的砝码

专注能让人立于不败之地，通过专注的思考，对问题抽丝剥茧，可以逐渐深入它的本质。专注也是屏蔽无关信息的有效方法，是思维顶级高手的砝码。可以这么说，没有专注，就没有深度思考。

15
离开智能手机

除了吃饭、睡觉，一天至少为自己争取 3 到 5 小时远离手机和网络，因为依赖智能手机和互联网会让人变得更加不愿意思考，只会被动、不停歇地接受手机推送的信息。有研究显示，在智能手机上花得时间越长的人，往往在思考上越缺少分析的动力，这属于典型的“浅思考人群”。

16
别在乎网络舆论

如今，网络舆论的喧嚣使人们的思考变得更单一、更浮躁。网络把人们的思维改造得越来越快餐化，使人无暇静心关注事情的本质。如果你经常关注网络舆论，特别是负面新闻，你的精力便很容易陷于那些充满刺激性、冲动性的思考中，无法专注处理更重要的事情。所以我建议你制订一份断网计划，定期把网络舆论隔离在视线之外。

17
适当地告别搜索引擎

如果你还是习惯遇事问百度，让搜索引擎代替你思考，那么你自己思考的时间便会越来越少，找到正确答案的时间也将越来越长。搜索引擎告诉你的是别人的答案，它不能开启你自己的思考。事实上，一个人对搜索引擎的依赖性越强，他就越没主见，知识储备水平也就越低。

18
如何对待“拿来主义”

对待“拿来主义”的态度体现了你独立思考的能力，习惯把别人的经验拿过来，往往会让你忽略自己的思考。因此，思考问题时既不能排斥别人的观点，也不能完全依靠外界的信息。要把搜集到的信息和经验作为自己思考的材料，在他人的经验基础上总结提炼出自己的智慧。你可以没有创新能力，但一定要有自己做出选择的能力。

19
避免下意识和情绪化的反应

我们提倡具有分析性的思考，理性而冷静地考虑问题。想实现这个目标，就不能下意识地做出决定，也不能有太多情绪化的反应。我建议你遇事等三秒，至少争取三秒钟放空的时间。在这三秒钟的时间内，不要思考当前的问题，让自己摆脱负面情绪和本能的冲动，等心平气和后，再回来正视问题，开始思考。

20
避免让偏见影响思考

人都会对事物有偏见，你将如何纠正自己的偏见？芝加哥大学心理学家波阿兹·科萨曾根据一系列的实验提出建议：适当地用外语思考可以减少这种深层的、具有误导性的偏见。这是因为，用外语思考为人提供了一个较远的“认知距离”，让你从原有的思考状态中跳脱出来，进行理性思考。除此之外，我还可以给你一个建议——每当你发表观点或做出重要决策之前，先从相反的立场诘问自己：“我是否受到了某些顽固思想的误导？”然后推翻自己的结论，看看另一种想法是否可行。如果可行，则说明你之前的思考在某种程度上已经受到了偏见的影响。

21
别用投机的方式解决实际问题

读过这本书之后，你应该联系自己的实际生活，找到你知识和行动模式中匮乏的东西，发现思维体系中最功利的一面，从而学习你想拥有的思维，提高思考和行动的效率。另外，读书不是为了思考，而是为了解决实际问题。从本书中学习静下心来思考问题本质的技术，让自己能够清晰地分辨出智慧和技巧的区别。技巧会被用来投机，智慧才能解决问题。不同的方法会产生不同的结果，所以一部分人从书中学到的是真正的智慧，而另一部分人只看到了投机钻营的技巧，成为过多怀有功利心的人。

22
少犯甚至最好不犯自以为是的错误

不可否认的是，大多数人都会犯同一个错误：在尚无实际经验的情况下自以为是地认为“我已经懂了”，但其实连一知半解的水平也没有达到。不怕不知道，就怕自以为知道。人们总是这样，太容易被虚荣和自大的心态蒙蔽双眼，然后一直错下去。我希望你和我不要再犯这种错误，分析事物时不要自以为是。

23
如何简单地拥有自己的逻辑思维

一种好的思考方式能够帮助人们看清事实，得出精妙的结论。越是实用的思考方式就越简单直接，且理解和接受起来都不复杂。如何才能用最小的成本获得自己的逻辑思维呢？一是不要轻易顺着别人的思维去思考问题；二是要懂得追本溯源，找到问题的根源，不被事物的表象所迷惑。只要拥有了自己的逻辑和思维，恰当地使用，就能让自己的思考更有深度。

24
财富、地位和权力无法带来真正的智慧

如果你现在依然觉得，有钱、有权、有地位的人一定比普通人更聪明，那么你就会成为一只容易上当的“小绵羊”。财富、地位和权力并不能带来真正的智慧，充其量只能为这些人披上多层伪装，让你觉得他们深不可测。智慧不是由外在条件塑造出来的，它是在大脑里酝酿出来的。读过本书之后，你就要当心那些擅长用财富、地位和权力来掩饰自己愚蠢的家伙，越是喜欢展示外部条件的人，可能越虚弱。

25
如何发现自身逻辑的盲点

觉得没有问题、不需要认真思考的地方，恰恰可能是自身逻辑的盲点。通常而言，女性在逻辑思维能力上会比男性稍显劣势，这绝对没有任何性别歧视的意思。在女性身上，思考能力会在不同的时段和情境呈现出波动。我们只需要看一看恋爱中的女人便可知道，她们的确漂亮、性感、温柔，但很少有清醒的逻辑可言，即便是女强人也很难规避这样的状态。所以当你恰巧读了此书，看到了自身逻辑上存在的盲点，就能从自己的身上看到很多似乎不存在的优点，规避那些容易使自己掉进思维陷阱的盲点。

26
要有主见，也要有支持“主见”的严谨逻辑

当你表现得很有主见和思维引导力时，即使你的观点是错误的，别人也会看重你的观点，而且会改变他们自己的想法，认为你是正确的。这就是主见的影响力和由此散发出来的魅力。有时这根本无关乎对错，人们青睐的是你的思维魅力。反之，如果你毫无自己的主张，表达看法时谨小慎微，凡事喜欢看对方的脸色行事，自己的思维逻辑也不严谨，就不免会让人觉得你是一个不懂思考的平庸之辈。最后，你不但在众人

面前保不住自己的“可信度”，而且还会让对方打心眼儿里瞧不上你，即便有时你的立场是正确的，逻辑是严谨的，也难以获得他们的认可。

27
别怕“被人讨厌”，这不一定是一件坏事

你经常因为别人对你的指责烦心吗？你害怕被众人孤立吗？想开一点，这根本没什么。一个人最大的成功就是有一群人“不约而同”地孤立他，这说明他没有盲从群体思维，保持了自己的独立性。他也可能是因为自己不同的见解侵犯了很多人的利益，但这并不一定是坏事。这一路径的意义在于：不要试图讨好所有人，做好你自己最重要。

28
坚持而没有成功，有时不是方向错了，而是你的思考方式错了

如果你有一个坚定的目标，坚持努力了很久都没有成功，那么一定是遇到了技巧问题，是思考和行动的方式有误，而不一定是方向错了。这时不要急于调整方向，先整理一下思路，去寻找一种更好的技巧，或者看看别人是怎么做的。再坚持一段时间，也许结果就会大有不同。

29
你能说服别人，并不代表你的思考能力是优秀的

“说服力”是对思考能力的验证，但并不意味着“说服力”最强的人就最优秀，因为错误的观点也能说服别人，有时正确的观点反而无人理睬。那些经常主动找你聊天的人，他们很可能会认同你的观点和思考模式，但你想的未必就是对的。所以，别用“能否说服别人”的标准衡量自己的思考能力。

30
“独特”不一定就是好事，别盲目追求与众不同

与众不同总是比循规蹈矩更吸引人，人人都向往独特。但是，你也不要为此无视基本的常识，即大众同样喜欢正常人，更愿意和正常人打交道。极端的思考和行为当然是独特的，它能迅速吸引人们的关注，但最终也可能会让你成为“不受人欢迎”的异类。选择适合你的思考和行为方式，多尝试、多学习，并且多留心他人的真实反应。好的思维是什么样的？是独特、敏捷，并且正常的。这能让人们在喜欢你的同时，又觉得你和他们是同一阵营的，是同一类人中的佼佼者。

31
对那些棘手的问题，要找对思考的角度

有些问题确实棘手，但只要找好角度，以正确的姿势切入，任何拥有复杂信息、具有迷惑性的事物都能被我们找到突破口，抓住关键线索。所以如果有个问题非常棘手，让所有人都摸不着头脑，你也不用灰心，完全可以尝试其他角度，从不同的环节逐一分析，寻找可利用的线索，找到解开难题的钥匙。

32
只有先想透了问题，才能把问题讲透

假如“思考”是一个生物，那它会很喜欢互动，并通过互动把自己的观点传播给其他人。先从逻辑上想透一个问题，再通过互动说服他人，并没有什么高深的技巧，你需要想明白两个问题：好处和坏处。无论你的目的是什么，这一原则都是适用的。你要先想清楚问题逻辑，才能给别人讲清楚。

33
你可以不相信权威的观点，但一定要学习权威的人的思维优势

你讨厌权威，希望离他们远一点，但我建议你学习一下权威的人是怎么思考的。对非权威而言，有些人总喜欢说：“假如你不听我的，我就把你……”结果没有人听他的，他也没能把别人怎么样，相信他的人也越来越少。为什么会出现这种问题？因为他压根儿没有威慑力。这表明权威不是天生的，一个能产生威慑力的人必然有他的“过人之处”，至少他在思维层面是有自己特点的，比如懂得包装自己，吸引大众。这也是一种思维优势。

34
不要和那些不喜欢思考的人在观点上纠缠

比如，我们千万不要批评一个喜欢啰唆的人——他们几乎从不冷静地思考，只知道还击别人的质疑，而这会给你招来“更多的啰唆”。记住，“啰唆”意味着从不思考，是比抽烟还要难戒掉的陋习。如果碰到不喜欢思考的人，要么赶紧转移话题，要么趁机溜走，别和这样的人讨论问题，也别和他们在观点上纠缠。要记住，你永远说服不了一块坚硬的石头。

35
学习用小目标引领你的思考

人人都有梦想，但很多人的梦想太大，没有现实指导意义。而且，人们的大梦想毫无意外地保持着一致—— 人们都以为梦想是可以互相抄袭的。所以别用这种梦想来促进思考，要学习制订小目标，用小目标引领自己展开阶段性的行动，脚踏实地地解决问题。

36
深度思考 = 质疑 + 分析 + 观点

没有质疑，就不会独立思考，所以必须长久保持你的质疑精神，因为任何缺少反向证明的观点都存在着逻辑漏洞。没有分析，就没有深度思考，只有对事物进行层层解剖，才能得出正确结论。不要盲从权威，也不要迷信常识，要有自己的观点。面对权威时，先看看自己能不能推翻它，再决定是否接受它。

37
强化专项训练，是提升专业领域思考能力的必经之路

即便你没有丰富的想象力，仍然可以通过专项训练，成为某一领域内的精英。这个世界从来不缺乏“有想法”的人，只缺乏努力钻研并且将某一项技能修炼到尖端的人。在专业能力上，深度思考是高强度的专项训练。仅仅有一个想法是不够的，抓住这个环节把它研究透彻才是出成果的必经之路。

38
“好处”和“坏处”是提高人们思考能力的两大动机

如果一个人说的话对你没有任何好处（吸引力）可言，你还会相信他吗？当然不会。这就是人思考和行为的动机：谁能带给我好处，谁说的就是对的，就能说服我。反过来，人们对事物的“坏处”也保持着高度的警惕。权衡利弊，是人的天性。所以，要利用这两大要素去思考事物，判断人们的好恶。

39
放弃上帝视角

人人都有所谓的上帝视角，喜欢当事后诸葛亮。但上帝视角并没什么用，因为谁都做不到事前预知，也做不到在过程中干预，只能事后哀叹。伟大的思想家都不会开启自己的上帝视角，他们更愿意将思考落于实处。如果事前想不到，事后再聪明也没用。

40
最聪明的人其实也是最愚蠢的

真正的聪明不是自我的感觉，而是最后的认可。当一个人觉得自己无所不知时，他就危险了，他其实是最愚蠢的；当一个人自以为世事洞明时，他已经被世事欺骗了，肯定要付出巨大的代价。

41
每个人都有自己的视角，要警惕这种视角对思维的局限

人们真真切切地活在现实之中，有狭隘的七情六欲，有各种非理性的情绪，有自私的冲动，并且每天都在采取相应的行动。每个人都在以自己的视角看世界，并通过不断搜集信息来强化自己的认知，对别人、

对世界提出要求。这是一个不自觉、不受控制的过程。人们似乎很少关注自己的行为是否客观。我们要对这种状态保持警惕，不要将自己的任何想法、要求都视为理所当然。

42
深度思考的“二八法则”

我们在提炼出高价值信息之后，要以 80% 的精力分析信息的内容，再以 20% 的精力质疑信息的内容。深度思考不只是要做到在思考上有深度，也要求人们能拿得出时间来审视自己做过的事情，为自己提出有价值的疑问，这样我们才能从思考中获得更大的进步。

43
如何思考未来、机会、方向和创新

看重未来，放过过去；看重机会，解决困难；看重方向，放弃盲目；看重创新，保证安全。只有着眼于对未来、机会、方向和创新的思考，才能引领我们不断向前。

44
假如你是管理者，要多关注重大问题，不要考虑那些小事

越是优秀的管理者，他们就越不会做太多的事情，也不会将每种决策权力都握在自己的手中。人的精力是有限的，再聪明的人也不可能面面俱到，只要把握好大方向，做好重大决策就可以了。对于小事，要善于授权给下属解决。

45
如何透过现象看本质

要在“第一时间”看到问题的本质，不给其他信息和思维杂念发挥毒性的机会；要懂得筛选信息，抽离出核心要素；切勿被那些纷杂的表象所迷惑。只有擅长关注问题本质的人，才能对世界有深刻的思考，成为一个清醒的人。

46

所有的想法都离不开行动，没有行动，思考便毫无意义

行动力是实现计划必须重视的一个方面，是任何美妙的思考得以验证的工具。否则一切创新都是空谈，再深的思考也毫无意义。因为不管多么伟大的创意都需要用行动来兑现，没有行动，就等于什么都没有改变。

47

在两点之间行走，走直线未必就是用时最短的

你可以从 A 看到 B，也能从 A 想到 B，但不一定能够从 A 走到 B。在两点之间行走，走直线未必是用时最短的。如果两点之间充满了障碍，选择一条畅通无阻的曲线才是你和目标之间用时最短的距离。这对思考的启示是：考虑起点和目标之间的障碍，以及如何用最短的时间绕开障碍。

48

一定要走出房间看问题

记住，办公室是头脑的笼子，是思维的监牢。不要躲在办公桌后面看问题，不要拉着窗帘空想。要多站起来走几步，最好是走出办公区，

去一个能让你实践的环境，接触第一手信息，那里总有你意想不到的收获。

49
无论如何，你都要为自己的思考埋单

做出了决定，就不要后悔。既然决定抓墨鱼，就不要害怕被墨汁糊住眼睛。每个人都要为自己的思考埋单，不要后悔自己做出的选择。因为后悔是最无用的东西，它不能改变过去，甚至还会令你对未来悲观，浪费你宝贵的时间。也就是说，你想到的、做到的，是你要为之负责的。

50
别寄希望于瞻前顾后的人

不要对瞻前顾后的人委以大任，也别对他们寄予厚望。第一，在利益面前他们未必是可信的；第二，在决策和行动时他们总会犹豫不决，拖累整个团队。你不可能从一个瞻前顾后的人那里等到你最想要的答案。

51
任何时候，都不要痛恨你的敌人

生气就是拿别人的错误来惩罚自己，而且会让你变得和犯错误的人一样愚蠢。美国电影《教父》中有一句话很有道理：“不要痛恨你的敌人，这会让你丧失判断力。”仇恨既能冲昏人的头脑，使人做出不理智的事情，又浪费时间，耽误其他更重要的事。

52
多进行多角度思考

多角度思考就是参考不同人的立场、分析事物不同角度传达的信息。尽管我们最终只能持有一种立场，但这并不妨碍我们进行多角度的思考，尽可能参照其他方面的意见，分析不同视角的信息。很多人并非想不出好主意，他们只是被思考行为本身给吓住了，不敢越雷池半步，也不敢跳出现有的路线。他们只有一个角度，头脑是僵化的，看不到事物发展的其他可能性。

53
做到时刻反省，调整错误的思维

喜欢抱怨的人都有相同的特点，他们从不反省自身的愚蠢，只盯着别人的错误，并要求环境来适应他。因此要养成时刻反省的好习惯，特别是在晚上和早晨，各留出 10 分钟，用来自我批评——错的、对的、延误的都可以拿出来重新思考，调整思路。这样做为的是下一次能够做得更好，降低重复犯错的可能性。

54
在没人反对前，不要轻易做出重大决策

听一听反对意见很有好处。如果没有不同的意见出现，那我们思考的目的又是什么呢？思考不是为了造就一言堂，也不是想到什么就做什么，而是为了做出正确的判断。所以，在没有人反对你之前，最好不要轻易做任何决策。就算是为了逼迫自己想出更好的方案，也要给自己找一个对手，听一听他的想法。

55
不是所有的成功和失败都有原因

成功的人一定是掌握了正确的方法吗？未必，他们可能完全靠运气。同样，失败了就一定存在某种致命的原因吗？也未必，他们可能输给了随机性。所以与其纠结于原因，不如平心静气地接受结果。我的忠告就是，多想想下次该怎么做，少纠结上次为什么没做好。

56
多关注答案的问题，而不是问题的答案

赢家总是会关注答案中还有哪些问题，输家却经常去关注问题的答案。你的关注点在哪里，思维就停留在哪一个层次。前者可以让你尽善尽美，拥有洞察根本的思考能力；后者只能让你囫囵吞枣地接受现成答案，不能创新地思考问题。

57
闭上眼睛，用心去看世界

这个世界，只用眼睛看是看不懂的。因为你看到、听到得再多，也仅是接收到了形形色色的信息。有时候，要学会闭上眼，用心去看，慢慢思考，深入分析。只有这样，才能把一件事情想透彻，想长远。

58
结交了太多的“同道中人”不一定就是好事

“同道中人”并不是个好词，这说明没人从根本上反对你，你也不反对别人。所有人都站在你这一边，或者你们固守在同一个立场上，这不是一件好事。“互相支持”最容易蒙蔽人的眼睛，使人麻痹大意，不再思考。就像坐在一条船上，要学会左右平衡，而不是倾向于一边，这样才能保持船的稳定。

59
避免自恋和专横的思维

比如，“我这人就这样”的专断并不能增加你的可信度，也不能说服别人，反而会招致人们给你“自恋”和“专横”的评价。事实证明，经常说这句话的人普遍自以为是，体现出来的却是思考的浅薄。这种人在思考问题时总有一种唯心主义的倾向，难以听从别人的建议，但自己的见解也没什么深度。

60
不要炫耀自己的正确，也不要掩饰自己的错误

不要在众人面前炫耀你做对了什么，也不要掩饰你做错了什么。前者展示了你的轻浮，后者显示了你的自卑。想的、做的无论是对是错，都要从容淡定地面对，拿得起也要放得下，保持平和的心态。

61
方向永远比速度更重要

并不是跑得快就能证明你的能力强，事实是跑得越快的人，栽跟头的可能性也越大。要多抬头看路，不要跑偏了方向。思考的效率既体现为速度，也体现为方向，一定要在保证方向正确的基础上，再加快你前进的速度。

62
在彻底了解真相之前，一切事前的定论都是假的

充分了解焦点事件的真相之前，你以为自己很有观点、很有立场，其实不过是为自己的某种情绪站台而已。真相往往隐藏在复杂表象的

最下面，表现为很多真假难辨的假象。遗憾的是，99% 的人都宁愿相信假象，也不愿面对真相。想想看，这个社会的许多人不都是这样的吗？我们在互联网上经常会看到这样的现象，他们从不相信真相，只相信基于自己立场的推论。

63
注意区分理智和情感，这是人们最容易犯的错误

要用理智解决的问题，不要让情感因素混淆其中，否则问题到最后会变成一摊稀泥，而且是你自己亲手和成的。思考问题时要把理智和情感分开，做一个理性思考的人，而不是经常被情感掌控大脑的人。

64
和思考能力强的人一起做事，并把他们组织起来

所有不平凡的事情，都是由一群平凡的人和几个不平凡的想法完成的，这是我们鼓励集体思考的目的。集体思考不同于群体思考，集体思考是把一群有不平凡思想的平凡人组合起来，建设成一个优秀的团队，共同去做非常不平凡的事。你要争取让自己成为这些优秀人才的领导者，

引导并开发他们的智慧，实现伟大的目标。

65
一定要养成问问题的好习惯

学习提问，不断地提出新的问题，然后再去寻找答案，并且对比各类问题的答案，进行分析。这是训练思维能力的必经之路。要向任何一个人提出问题，勇于上问，也要不耻下问，世界上所有的智慧都藏在问号中。如果你的大脑中全是句号，没有问号，那么你的思维能力也就退化了。

66
深入的思考才是最可靠的

信息对听觉和视觉有天然的欺骗性，别太轻易相信那些你从街头巷尾、办公室的甲乙丙丁那里听来的消息；我们的视觉常常会出现差错，亲眼看到的也未必可靠。如果有必要，深究下去，深入地思考，执着地挖掘，反复地论证，一定能形成最接近真相的判断。

67
记忆对思考很重要，但如何提高记忆能力

记忆是思考的基础，因为记忆能力的好坏决定了信息储备的厚薄，也决定了我们思考的效率。记忆力是可以训练与培养的。抽出一些时间，有意识、有计划地学习一些加强记忆力的方法，比如，经常背诵一些资料，复习一些书籍，都有助于记忆力的提高。

68
伟大的思考从来都是出类拔萃的“个人行为”

从众性的思考是不能创造出伟大思想的。就像写下《乌合之众》的古斯塔夫·勒庞说的“个人在群体影响下，思想和感觉中的道德约束与礼貌方式突然消失，原始冲动、幼稚行为和犯罪倾向突然爆发”一样，多数伟大的思考都是出类拔萃的“个人行为”，与群体思考保持着足够的距离。如果你总是从众，跟着群体的思维走，独立思考的能力便会慢慢消失。

69
小心暗示对思维的影响

暗示是一种具有极强传染性的力量，暗示是灵感的开关，运用得当，就会收到出人意料的效果。反之，负面的效果也同样惊人，你会被牵着鼻子走。所以要谨慎对待潜意识的暗示，也要小心防范环境对你的暗示，因为你不知道它将引你走向何方。

70
在商家的宣传前保持清醒 5 分钟

商家最惯用的手段：断言、重复和渲染。你若不能保持头脑清醒，最受伤的就是自己的钱包。当你站在商家的宣传海报前，别急着进店，也别忙于挑选和付钱，先拿出 5 分钟做别的事情，转移一下自己的注意力。有调查显示，5 分钟后超过 46% 的人都改变了主意，意识到这并不是自己想要的。

71
要坚定地行动

一旦在慎重的思考后做出了决定，就不要犹豫不决、左右摇摆，要坚定地采取行动。“敢想敢干”不是莽撞，也不是“想一出是一出”，而是经过深思熟虑后用行动去践行自己想法的行为。这与“感性的冲动”有本质的区别。

72
做了决定，就不要在乎别人说什么，也不要犹豫不决

你是实干家吗？实干家从来不在乎别人说什么，当机会来临时，他们不会迟疑，更不会犹豫，而是力排众议，立刻踩下行动的油门。许多有智慧的人之所以做不成事情，不是他们想不到，而是他们的耳根子太软，太在乎别人的看法。他们是思想的巨人，行动的侏儒。

73
懒惰是“浅思考”的根源

懒惰是摧毁人思考能力的癌症，是让人变得迟钝和浅薄的根源，也是“浅思考”的子宫。一个缺乏进取心并且长期消极麻木的人，即使用最好吃的糖果引诱他，他也会无动于衷。而且，懒惰就像一颗不停止生长的种子，一旦在大脑中种下，就很难彻底根除。因此想要摆脱“浅思考”，就得让大脑勤快起来，思考能力是练出来的，不是养出来的。

74
学会纵向的深度思考

实现深度思考的核心原则不是坚持，而是深入。坚持是横向的，是一种时间概念；深入却是纵向的，体现出的是效果。当你对一个领域已经很熟悉时，就要开始缩小思考的范围，专注研究某一小块的知识，实现“更少和更好”。思考范围的扩大意味着你要掌握的知识面也要成倍地扩大，只有当你缩小研究范围，专攻某一个领域时，这种纵向的钻研才更容易取得突破。

75
你自认为的“理性”并不一定就是理性

理性不是由我们自己定义的，正确的决策和判断也并不完全建立在严密的数学和逻辑基础上，人的情感、理念和以往的经验都会起到作用，有时甚至具有随机性的特点。所以，你做出的慎重选择也许并非基于理性的思考，而是出于自我心理感觉对于“舒适”的需求—— 做了这个选择让你感觉很好，仅此而已。很多时候我们都是这样的，自认为客观理性，过后才回味过来并非如此。

76
如何消除“选择性知觉”

人的思维中存在一种“选择性知觉”，其最典型的表现便是：先下定义后看见，而不是先看见再下定义。我们对待任何事物都有一个自有的预设立场的倾向性，很难消除。狭隘与偏见随处可见，但怎么才能防止它们作怪呢？要努力形成一个习惯：别先下结论，想想再说！并且，不要在这方面犯过多的错误。

77
如何减小思维定式与晕轮效应的副作用

如果一个姑娘聪明、漂亮、温柔，对人也大方，那你八成会觉得她做饭也很不错。如果一件事情很顺利，你就会觉得另一件事可能也会很顺利，并积极地看待与这件事相关的所有问题。这就是思维定式和晕轮效应在作怪。毫无疑问，残酷的现实经常让这种美好期望落空。所以，别让一个事物的顺利与否影响我们对另一个事物的判断，而是要学会把它们分割开来进行独立分析。

78
集中力量，进行重点思考

遇到大事时，不要分散注意力，要先想清楚主要目标是什么，然后再重点攻关。但如何给思考划定一个重点呢？原则是：不懂的，划上；有道理的，划上；新鲜的，划上。对于其余不重要且容易令人分神的问题，暂时抛到一边。

79
在思考“能不能”之前，先想一下“应不应该”

有些事完全能做成，但不应该做；有些事自己可以做，但现在不是时候。在考虑一些问题、准备做出决策时，要把“应不应该”列为优先思考的因素，然后再思考“能不能”，这样既能节省精力、节约时间，也可避免犯下错误。

80
无论“沉没成本”有多大，都要舍得放弃

我们在做出一个至关重要的决策时，不仅需要筛选当前信息，还应筛选过去的信息，将有可能产生负面影响的信息隔绝在大脑之外，只比

较“下一步行为”需要的成本和未来的回报。对于已经投入的不可能再回收的成本，要果断放弃，不要让它影响自己当前的思考和决策。

81 学习用思维导图帮助决策

将信息整理之后，将其从大脑的抽象状态转变成图表和文字，使其成为一张一目了然的思维导图，将信息可视化和条理化。这么做的目的是将信息通过图表的方式展示，用文字标记，方便我们能直观地理解信息所要表达的内容，提高思考效率和决策的准确性。

82 没有执行力的思考毫无意义

思考问题的方法很重要，但好的思考一定是可执行的，好的创意则需要“强执行力”。没有执行或不能执行的思考，等于水中望月，毫无意义。这要求你必须善于在思考和行动之间建立一个路径，将想法和行动结合起来，既要敢想，也要敢做。

83
安排“定期放空”的时间

当你感到劳累或灵感枯竭时，让大脑停止对某个问题的思考，转移注意力，这就是放空。比如放下手头的工作，开车去郊外，爬山或者游泳。要为自己制订一份“定期放空”的计划，使大脑有规律地调节，保证思考的质量。

84
如何高效率地整理信息

如何把记录下来的信息用于知识生产，帮助思考？你可以将各种资料记录在一个特定的笔记本或文档中，用于再次阅读、加工，以及重新组合。整理的原则是：一、一元化。必须保证记录起来很轻松，找起来安心，坚持下去也不费力。二、时序化。按时间顺序记录，易于分类。三、可检索化。设定检索的标准，比如“索引”，查找信息时简单快速。

85
形成有效率的框架思维

我们学到的很多东西都具有内在的联系，因此我们要通过归纳、总结，梳理出信息的结构，从一个整体和系统的角度看待问题，进行理性的思考。比如我们经常在书中读到相似的内容，即便它们属于不同类型的书籍。不同行业的知识和信息也有这个特点，它们构成了信息的海洋，使你每天被包围在各种各样的知识中。如果你没有一个框架，这些东西就是散落在脑海里的浮萍，遇到问题时你只能随机地“捞出”几点，派不上用场。因此，要使学到的知识和搜集到的信息发挥作用，就得形成一个有效率的思维框架，也就是你的知识结构和思维模型，然后让这些信息各归其位。

86
懂得精确归类

在生活和工作中，我们会从公司、图书、朋友、培训课程中获得各种各样的信息和思维模式，它们有的是自生的，有的是学来的，如果不将其进行精确的归类，大脑中的知识便会处于一种混乱和游离的状态，影响我们思考的深度和使用这些知识的速度。归类是为了让思维框架更加丰富，获得清晰的结构，这样才可以把知识模块化，为思考和决策提供便捷。

87
懂得适时跳出框架

拥有更多解决问题的框架固然是我们所追求的，但也要避免教条主义，警惕被这些框架束缚。有时人们会根据以往的经验，在一个低维的层面去纠结、寻找解决问题的方法，甚至钻牛角尖。只有跳出这个层面，站到更高的维度，才能获得更宽广的视角，这就是创新型公司喜欢招收年轻人的原因，刚毕业的大学生往往比工作多年的老手更有创造力，因为他们的思维中未形成牢固的框架，可塑性较强。所以我们要做思维框架的主人，而不是它的奴隶。

88
从三个词出发进行思考

思考一个问题时，先从需求的角度——Why 的层面考虑，想一想“为什么”；然后从方案的角度——How 的层面考虑，想一想“怎么做”；最后再从工具的角度——What 的层面考虑，想一想“用什么做”。把握好这三个层面，就可以实现从思考到结果的演化。

89
界定问题的边界

画线是为了界定边界。一个复杂的问题通常会涉及内部、外部、环境三个角色，三者中间是有边界的，你必须考虑到不同的情境中三个角色的边界在哪里，它们的关系如何、权重如何分配，然后具体问题具体分析。划好边界后，从三个角度分别思考，有助于将问题考虑得更全面。

90
如果反馈不符合预期怎么办

反馈其实是从思考到行动的闭环结构。反馈为我们提供了两种结果：一、问题解决；二、与预期相差很大。如果出现第二种结果，原因通常有三方面：一、没有找对关键点，应该返回重新思考关键问题；二、计划有误，应该返回重新制订计划；三、执行有误，应该检查执行环节，加强执行力度。反馈可以帮助我们优化方案，特别是在不符合预期时，它能指出问题，指导我们检查已完成的步骤。

91
连续问 n 个“为什么”

遇到一个难题时，要有问“为什么”的能力。连续问n个“为什么”，并根据答案继续提问，抽丝剥茧，直达问题的本质。假如你是广告设计师，在一项工作中就要学会这样提问：为什么广告效果不好？因为点击率差。为什么点击率差？因为广告图不够吸引人。为什么广告图不够吸引人？因为素材不够好。为什么素材不够好？因为缺少流行元素。为什么缺少流行元素？因为缺少相应的市场调研，没有总结出同类型商品的市场规律。一般经过连续的追问，你总能找到问题真正的答案，并想到解决方法。

92
拥有整合思维

整合是针对信息的，也是针对不同观点的。拥有整合思维之后，你的思考就能像吸水的海绵一样，将外部信息全部吸收进来。然后你需要进行整合挑选，重组分析，留下有用和高价值的信息。思考能力强的人都善于从外部信息中整合并提炼出对自己有帮助的东西，补充自己的观点。

93
用优化思维指导行动

优化思维是深度思维的加速器，它可以让你不断思索有没有更好的方案。比如，上司交给你一项任务，你做完了之后对自己的工作过程进行回顾总结：我跟客户的交流是否有问题？和同事的配合是否默契？自己对业务是否熟悉？然后对不足的地方进行优化和改进，让下一次比这一次做得更好。每一次微小的优化，都是一次难得的进步。

94
聚焦于自己的特长

聚焦，就是将精力聚集在自己最擅长的一点上，把它强化到极致。比如在工作中，真正让你脱颖而出的往往是你的特长，而不是看似面面俱到却无一精通的工作水平。管理学家彼得·德鲁克也提出：从无能到平庸，要比从一流到卓越难得多，这是因为卓越需要的只是你在某一领域达到精通，拥有别人不具备的特长。你应该少把精力浪费在那些自己不能胜任的地方，而将大部分智慧拿出来打造自己的闪光点。

95
不要忽略任何一个不起眼的细节

许多大事就毁在一个小细节上，疏忽了一个不起眼的小环节，就可能会做出错误的决策。美国气象学家爱德华·洛伦兹总结出了蝴蝶效应：“一只南美洲亚马孙河流域热带雨林中的蝴蝶，偶尔扇动几下翅膀，可以在两周以后引起美国得克萨斯州的一场龙卷风。”将蝴蝶效应应用在思考上，就是指一个微小的变化可能影响到全局的发展。这要求我们在想问题时不能随意忽略信息，要认真对待每一个细节。

96
听完了、想好了再开口表达

在思考之前，倾听要比说话更重要。心理学家斯坦纳说：“在一个场所，一个人说得越多，他听到的就越少。”听到的少了，用来参考的信息就会更少。一个人表达自己的观点很容易，专心听别人的观点却很难。只有听完了、想好了，才能完整地表达自己的想法。

97
克制欲望，保持良好的心态

人的欲望少，不良情绪也少，思考才能冷静。所以遇事应不急不躁，该有主见的时候果断表达立场，不该表态的时候就要保持安静。我们还要放得下身段，保持学习的热情和动力，使自己每天都在进步。不能以期待他人的赞美为动机，要有思想、有理想，还要有理性。

98
面对面地交流，了解一手信息

这一路径的要求是，减少了解信息的中间环节。比如和人见面沟通的最终目的不是看他有多帅，而是了解他的困惑，对自己有什么要求，对未来有什么预测。通过他人了解一手信息的前提条件是建立互相信赖的关系，如果你总是隔着电话线、网络与对方沟通，看不到他的表情，也看不出他是怎么想的，那就了解不到真实的一手信息。因此，应尽可能地与人直接会面，当面交流。

99
不要使事情复杂化

这是奥卡姆剃刀原理的核心宗旨，即在两个类似的解决方案中选择最简单的那个，尽量减少多余的环节。要始终以结果为导向，追寻高效简洁的思维方式。能以较少的成本去解决的事，就没必要用较多的成本去解决。

100
对任何人和事物都要动态思考

人和事物都是变化的，思考也应该是运动的，不应该静态地抱着老观点不放。我们要根据不断变化的环境、条件来改变自己的思维方向和思考方式、对自己的观点进行调整，以适应人和事物的变化。动态思考的模式为：搜集新的资料—制订新的方案—执行方案并获得反馈—调整新方案。经历一系列的动态调整后，我们的思考与正确结论的差距就会不断缩小，对客观的人、事物的了解就能加深，决策也将更为有效。